从零开始学
Spring Cloud
微服务架构

章为忠 编著

U0291409

清华大学出版社
北京

内 容 简 介

本书专注于介绍 Spring Cloud 微服务架构，内容涵盖构建和应用微服务架构所需的关键知识和技术。本书共分为 14 章。第 1~3 章介绍微服务架构的发展历程、Spring Cloud 概述以及使用 Spring Boot 构建微服务应用的实战技巧；第 4~7 章重点讲解 Eureka 服务注册与发现，Ribbon 客户端负载均衡和 Feign 服务调用，Hystrix 的限流、降级和熔断，帮助读者理解和应用微服务架构中的核心组件；第 8、9 章深入研究微服务网关 Spring Cloud Gateway 和微服务配置中心 Spring Cloud Config 的实现；第 10~12 章介绍微服务架构下的统一认证和授权、微服务全链路跟踪 SkyWalking，并展示如何集成 Prometheus+Grafana 实现微服务监控的方法和技巧；第 13、14 章引导读者使用 Docker 和 Docker Compose 实现微服务容器化部署，并通过项目实战展示如何使用 Spring Cloud 构建图书管理系统。

本书适合希望学习 Spring Cloud 微服务、分布式系统开发与架构的开发人员和架构师阅读，同时也可以作为计算机科学、软件工程等相关专业的学生和研究人员的参考书。

图书在版编目（CIP）数据

从零开始学 Spring Cloud 微服务架构 / 章为忠编著.

北京 : 清华大学出版社, 2024. 10. -- ISBN 978-7-302-67517-4

Ⅰ. TP368. 5

中国国家版本馆 CIP 数据核字第 2024QU4758 号

责任编辑：赵　军
封面设计：王　翔
责任校对：闫秀华
责任印制：刘海龙

出版发行：清华大学出版社
　　　　网　　　址：https://www.tup.com.cn，https://www.wqxuetang.com
　　　　地　　　址：北京清华大学学研大厦 A 座　　　　　　邮　　编：100084
　　　　社 总 机：010-83470000　　　　　　　　　　　　邮　　购：010-62786544
　　　　投稿与读者服务：010-62776969，c-service@tup.tsinghua.edu.cn
　　　　质 量 反 馈：010-62772015，zhiliang@tup.tsinghua.edu.cn
印 装 者：定州启航印刷有限公司
经　　销：全国新华书店
开　　本：185mm×235mm　　　　　印　张：18.75　　　　　字　　数：450 千字
版　　次：2024 年 11 月第 1 版　　　　　　　　　　印　　次：2024 年 11 月第 1 次印刷
定　　价：89.00 元

产品编号：102062-01

前　言

随着互联网的快速发展和业务需求的不断变化，微服务架构已成为构建高效、可扩展应用的关键技术之一。在构建微服务应用方面，Spring Cloud 为开发者提供了一套完整的解决方案，帮助他们构建和管理复杂的分布式系统。

本书旨在帮助读者全面了解和应用 Spring Cloud 微服务架构，成为熟练的微服务开发者。全书共分为 14 章，每章各介绍了构建和应用微服务架构所需的关键知识和技术。

第 1 章：回顾微服务架构的发展历程，为读者提供全面的背景了解。

第 2 章：对 Spring Cloud 进行概述，介绍其核心概念和特点，为读者打下坚实的基础。

第 3 章：通过 Spring Boot 实战，深入了解如何使用 Spring Boot 构建微服务应用。

第 4 章：重点介绍 Eureka 服务注册与发现，讲解如何实现服务的自动注册和发现。

第 5 章和第 6 章：分别介绍 Ribbon 客户端负载均衡和 Feign 服务调用，帮助读者理解客户端负载均衡和服务调用的实现方法。

第 7 章：深入研究 Hystrix，探讨如何实现限流、降级和熔断，以确保系统的稳定性和可靠性。

第 8 章：介绍如何构建微服务网关 Spring Cloud Gateway，实现对微服务的统一访问和路由。

第 9 章：重点讲解微服务配置中心 Spring Cloud Config，帮助读者了解如何集中管理和动态更新微服务的配置。

第 10 章：探讨微服务架构下的统一认证和授权，确保系统的安全性。

第 11 章和第 12 章：介绍微服务全链路跟踪 SkyWalking 和集成 Prometheus+Grafana 实现微服务监控，帮助读者实现对微服务的全面监控和性能优化。

第 13 章：引导读者使用 Docker 和 Docker Compose 实现微服务容器化部署，提高部署的灵活性和可移植性。

第 14 章：通过一个实际项目展示如何使用 Spring Cloud 构建图书管理系统微服务系统。

通过阅读本书，读者将全面掌握 Spring Cloud 微服务架构的核心概念、关键技术和实际应用。无论是初学者还是有一定经验的开发者，都能够从中获得宝贵的知识和实践经验，作为构建高效、可扩展的微服务架构的指南和支持。

最后，我要感谢所有参与本书撰写和出版的人员，他们的辛勤工作和专业知识使得本书得以顺利完成。希望本书能够成为您学习和应用 Spring Cloud 微服务架构的有力工具，帮助您在微服务领域取得更大的成功。

祝您阅读愉快，愿本书能够成为您在学习和实践 Spring Cloud 微服务架构过程中的良师益友！

配套资源下载

本书的配套资源包括示例源代码、课后习题参考答案、PPT 课件，读者可以通过微信扫描下面的二维码来获取。如果在学习本书的过程中发现问题或有疑问，请发送邮件至 booksaga@126.com，邮件主题为"从零开始学 Spring Cloud 微服务架构"。

示例源代码

参考答案

PPT 课件

编　者

2024 年 9 月 28 日

目　　录

第1章

微服务的前世今生

本章将详细探讨微服务架构的起源和发展过程，深入分析微服务架构的优势与面临的挑战，并展望其未来的发展方向。通过深入了解微服务架构的发展历程和优势，读者将能够更深刻地理解微服务架构的核心理念及其适用的应用场景。

1.1 软件架构的演化之路

软件架构是软件系统的基础和核心，它决定了系统的整体结构、功能特性、性能、可维护性和可扩展性等关键属性。随着软件技术的持续迭代和更新，软件架构也在不断演进，以适应业务需求的增长和技术创新的方向。软件架构的演进既是技术发展的自然结果，也是为了满足不断变化的业务需求和用户期望而进行的积极探索和变革。

在信息技术迅猛发展的时代，软件架构作为软件开发的中心蓝图，经历了漫长且不断变革的发展过程。它的演进不仅反映了技术的进步，也积极回应了业务需求和用户期望的变化。优秀的软件架构不是一朝一夕就能形成的，而是在不断的实践和探索中逐渐演化而来的。因此，深入学习软件架构及其演化历程至关重要。架构的演变过程主要经历了如图 1-1 所示的几个阶段。

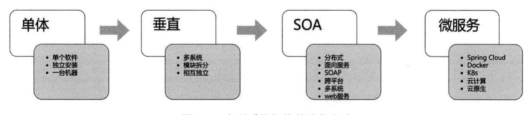

图 1-1　大型系统架构的演化之路

1．单体应用架构

互联网发展初期，系统业务简单，流量较小。因此，一个系统可以实现所有业务功能，系统的开发、部署和维护都相对简单。在这一阶段，对技术架构的要求通常不高，单体架构能够满足需求。例如，早期的电商系统的所有代码、业务逻辑和功能模块都集中在一个项目中，如图 1-2 所示。

单体应用架构的优点在于：架构简单，开发成本低，维护容易。然而，它的缺点也显而易见：由于所有功能都集成在一个工程中，模块之间的耦合度高，这严重影响了系统的扩展性。

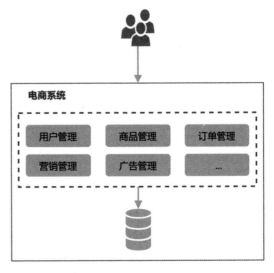

图 1-2　单体架构图

2．垂直应用架构

随着系统业务逐渐复杂化，系统数据量和访问量逐渐增大，项目参与人员逐渐增多，单体架构的系统变得越来越臃肿，代码也越来越难以维护。这导致了开发效率低下，测试成本增加和运维过程复杂。因此，将系统按功能模块拆分势在必行，垂直应用架构应运而生。

垂直应用架构的核心思想是将原来的单体系统拆分成多个独立的应用。比如，我们可以将上述电商系统拆分成如下几个模块（见图 1-3）：

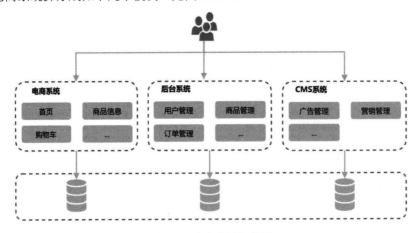

图 1-3　垂直应用架构图

如图 1-3 所示，各子系统之间相互独立，互不影响，从而使业务迭代变得更加高效。不

过，因为各系统之间无法互相调用，所以部分模块的功能需要在不同系统中重复实现。比如，
用户信息模块可能在订单系统和用户系统中都需要实现。

3. SOA 架构

随着垂直应用数量的增加，重复的业务代码也会相应增多，导致即使是小的需求变更也
可能需要修改多个应用。这不仅增加了维护成本，还提高了开发风险。因此，有必要将重复
的业务逻辑和代码抽象并提取出来，构建成一个统一的业务层，作为独立的服务存在。这种
做法是面向服务架构（Service-Oriented Architecture，SOA）的核心理念。

SOA 架构允许根据需求通过网络对松散耦合的、粗粒度的应用组件（即服务）进行分
布式的部署、组合和使用。例如，订单系统、后台管理系统、产品系统、广告系统等不同的
功能模块可以被定义为独立的服务。这些服务通过企业服务总线（Enterprise Service Bus，ESB）
相互连接，实现高效的通信和数据交换。具体架构如图 1-4 所示。

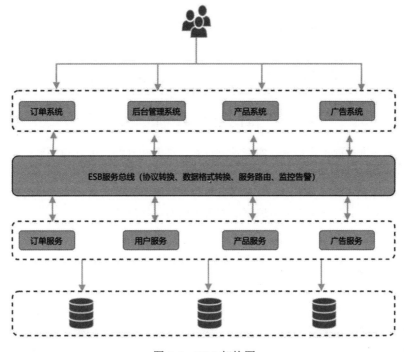

图 1-4　SOA 架构图

4. 微服务架构

随着移动互联网的飞速发展，SOA 架构变得越来越臃肿，已经无法满足移动互联网时代
对于系统业务的快速迭代、高并发、高扩展的要求。因此，微服务架构应运而生。

微服务架构在某种程度上也是面向服务的架构，但是，它更加强调服务的彻底拆分和业务彻底的组件化和服务化，将原有的业务系统拆分为多个可以独立开发、设计和运行的小应用。这些小应用之间通过 RESTful 或 RPC（Remote Procedure Call，远程过程调用）进行交互和集成。具体架构如图 1-5 所示。

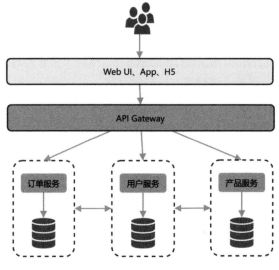

图 1-5　微服务架构图

通过对服务进行原子化拆分，实现独立打包、部署和升级，可以确保每个微服务职责清晰，方便扩展。服务之间的松散耦合有助于避免因一个模块的问题导致整个系统崩溃。当然，微服务架构的技术成本高（容错、分布式事务等），随着服务的增加，运维的压力也随之增大。因此，需要一个统一的服务治理解决方案来应对这些挑战。

5. 总结

尽管单体架构、垂直架构和 SOA 架构都存在一些不足，微服务架构也并非万能的解决方案。正如业界常说的，没有最好的架构，只有最适合的架构。选择合适的架构必须综合考虑业务复杂度、数据规模、团队的技术能力、时间成本等因素，从全局出发，寻找最能满足项目需求的架构方案。

1.2　什么是微服务

磨刀不误砍柴工。要真正了解微服务架构，首先需要了解什么是微服务。微服务背后又有着什么样的故事？接下来，让我们走进微服务的世界，探究它的前世今生。

1. 微服务的定义

微服务架构最早由 Martin Fowler 和 James Lewis 于 2014 年提出，是一种将单个应用程序构建为一系列小型服务的架构风格。每个微服务在独立的进程中运行，并通过轻量级的通信机制（例如 HTTP API）与其他服务进行协作和通信。每个微服务都围绕特定的业务功能构建，具有高度自治性，能够独立开发、部署、扩展和维护。

微服务架构允许将大型复杂的应用程序分解为多个专注于单一任务或业务功能的小型服务。根据业务需求和负载情况，这些服务可以独立伸缩和升级。这种架构模式提高了开发团队的敏捷性，加快了应用的开发和迭代速度，同时增强了系统的灵活性、可扩展性和容错性。

2. 微服务的特性

微服务是一种架构风格，它通过使用一组功能独立的服务来开发和构建应用的。该架构将应用程序拆分成一组小型、独立的服务。微服务架构具有以下特性。

- 服务自治性：每个服务都是独立的，拥有自己的数据存储、业务逻辑和用户界面，能够独立部署和运行，不会影响其他服务的运行。
- 松耦合：每个服务都是相互独立的，它们之间通过 API 进行通信，不需要共享代码或数据库。
- 可替换性：由于每个服务都是独立的，因此可以轻松地替换或升级其中的一个服务，而不会影响整个系统的运行。
- 可伸缩性：每个服务都可以独立扩展，可以根据需要添加或删除服务，从而提高系统的性能和可靠性。
- 弹性设计：由于每个服务都是独立的，因此可以通过在运行时动态添加或删除服务来应对系统负载的变化。
- 去中心化管理：每个服务都有自己的团队负责开发和维护，因此可以更好地分散风险和责任。
- 技术异构性：每个服务都可以使用不同的技术栈和编程语言，因此能够选择最适合特定任务的工具。

综上所述，微服务架构具有自治性、松耦合、可替换性、可伸缩性、弹性设计、去中心化管理和技术异构性等特性，这些特性使得微服务架构成为构建大型、复杂应用程序的理想选择。

3. 微服务的优势

微服务具有以下显著优势。

（1）独立部署与扩展：每个微服务都能独立部署，可依据自身的负载及需求灵活扩展，从而有效提升资源利用率和系统性能。

（2）技术选型灵活：各微服务可根据其特定业务需求自由选择适宜的技术栈，充分发挥不同技术的优势。

（3）敏捷开发与迭代：开发团队能够专注于单个微服务，降低了代码库的复杂度和团队间的协调成本，加快了开发速度，更契合敏捷开发理念。

（4）高可用性保障：单个微服务的故障不会累及整个系统，极大地提高了系统的整体可用性。

（5）易于维护与更新：较小的服务代码库更易于理解和维护，更新服务时风险相对较小。

（6）更好的容错性：某一微服务出现故障时，仅影响其自身功能，不会导致整个系统崩溃，便于快速定位和修复问题。

（7）促进团队自治：不同团队可负责不同的微服务，减少团队间的依赖和冲突，提升团队的自主性和责任感。

（8）适应业务变化：能够快速响应并适应不断变化的业务需求，通过新增或修改微服务即可实现新功能或者业务调整。

4. 微服务的劣势

微服务架构虽然具备众多吸引人的特质，但是也存在着一些问题。当使用微服务架构时，我们可能会面临如下挑战。

- 分布式系统复杂性增加。服务间的通信、协调以及分布式事务的处理等，使得系统的整体复杂性提升，需要解决诸多分布式系统特有的难题。
- 开发与运维成本上升。需要构建完善的自动化工具和基础设施来支持服务的开发、部署、监控和治理，这会增加技术投入和人力成本。
- 数据一致性挑战加剧。各个微服务管理自身的数据，容易导致数据一致性难以保证，需要额外的机制和策略来维护数据的一致性。
- 测试难度增大。对整个系统的集成测试变得更加复杂，需要确保多个微服务之间交互正常。
- 服务间的通信开销不可忽视。微服务之间的频繁通信可能会带来一定的性能损耗。
- 部署与管理复杂度提高。众多微服务的部署和管理需要高效的流程和工具，否则容易出现混乱。

● 对团队协作要求更高。不同团队负责不同微服务的开发和维护，需要良好的沟通和
协作机制，以确保服务之间的集成和协调顺畅。

1.3　为什么需要微服务

前面介绍了微服务的本质，相信读者对微服务已经有了一个大致的了解。读者可能会问：
为什么需要微服务？它解决了什么问题？下面我们来回答这些问题。

1. 传统软件架构面临的挑战

随着技术的持续进步，软件系统架构设计正面临着前所未有的挑战。这些挑战包括应用
场景的不确定性、大规模数据处理、云计算和虚拟化等新技术的融入。具体而言，传统软件
架构所面临的挑战主要表现在以下几个方面。

● 大规模：现代软件系统常常需要处理庞大的数据量和用户基数，这就要求系统必须
具备高性能、高可靠性和高可扩展性。
● 复杂性：随着功能的不断扩展，软件系统的复杂性也在增长。因此，需要采用合适
的架构和设计模式来有效管理和维护系统。
● 安全性：面对日益增多的网络攻击，软件系统必须具备强大的安全性能，以确保用
户数据和隐私的安全。
● 可维护性：软件系统应具有良好的可维护性，这样在系统发生故障或需要进行升级
时，可以迅速进行修复和更新。
● 敏捷性：为了能够迅速响应用户需求和市场变化，软件系统需要具备敏捷性。
● 数据管理：数据量的激增要求软件系统拥有高效的数据管理能力，以便快速地存储、
检索和分析数据。
● 云化：云计算技术的兴起使得软件系统越来越多地需要具备云化能力，以支持在云
端的部署和运行。

综上所述，当前软件系统面临的挑战涵盖了大规模处理、系统复杂性、安全性保障、可
维护性、敏捷性、数据管理以及云化等多个方面。为应对这些挑战，必须采用合适的技术和
架构策略。

2. 传统架构的问题

早期的软件架构通常以典型的 MVC 框架为基础构建而成，涵盖前端（包括 Web 端和手
机端）、中间业务逻辑层以及数据库层。此架构在业务逻辑和数据规模相对较小时，运行状

况良好。然而，伴随系统规模的持续拓展，逐渐显露出如下问题。

- 复杂性逐渐增加：例如，有的项目有几十万行代码，模块间界限模糊，逻辑混乱。代码越多，系统复杂度越高，问题也越难解决。
- 技术债务逐渐增加：员工流动在公司中是再正常不过的现象。有些员工在离职前对代码质量缺乏自我约束，留下来很多"坑"。由于单体项目的代码量过于庞大，这些"坑"往往难以被发现，给新员工带来了极大的困扰。人员流动越频繁，留下的"坑"就越多，技术债务也随之增加。
- 部署速度逐渐变慢：这个很好理解。单体架构的模块非常多，代码量巨大，导致项目部署时间不断延长。有的项目启动就需要一二十分钟，这是多么恐怖的事情。启动几次项目，一天的时间就过去了，留给开发者开发的时间就非常少了。
- 阻碍技术创新：比如，以前的某个项目是使用 struts2 架构开发的，各模块之间有着千丝万缕的联系，代码量大，逻辑不够清晰。如果现在尝试用 Spring MVC 来重构这个项目，难度和成本都非常高。因此，很多时候公司不得不硬着头皮继续使用旧的 struts 架构，阻碍了技术的创新。
- 无法按需伸缩：比如电影模块是 CPU 密集型的，而订单模块是 IO 密集型的。如果需要提升订单模块的性能，比如加大内存、增加硬盘，但由于所有模块都在一个架构下，因此在扩展订单模块的性能时不得不考虑其他模块的因素，不能因扩展某个模块的性能而损害其他模块的性能，从而难以实现按需伸缩。

在项目初期，传统软件架构由于开发、测试和部署过程相对简单，能够顺利运行。但是，随着需求的持续增长和开发团队规模的增加，代码库迅速膨胀。这导致架构逐渐变得臃肿，其可维护性和灵活性逐步下降，同时维护成本也在持续上升。

3. 微服务能否解决这些问题

微服务架构在一定程度上可以解决当前软件架构设计所面临的挑战。通过将大型软件系统拆分为多个小型、自治的服务，微服务能够有效应对系统规模和复杂性的问题。这使得每个服务都可以独立开发、测试、部署和扩展，从而提高系统的可维护性、可扩展性和灵活性。

此外，微服务架构通过松耦合设计提升了系统的可替换性和可伸缩性，增强了系统的弹性和可靠性。同时，它支持去中心化的管理和技术异构性，更好地适应不同的业务需求和技术栈。然而，微服务架构也面临一些挑战，例如安全性、数据管理、敏捷性和云化等方面的问题，需要采用适当的技术和架构来应对这些挑战。

1.4 微服务与单体、SOA 的区别

众所周知，在当前流行的软件架构领域中，存在着微服务、单体应用以及 SOA（面向服务的架构）这三种截然不同的架构模式。那么，微服务与单体应用和 SOA 之间究竟存在着何种区别与联系呢？本节将揭晓答案。

1. 微服务与单体架构的区别

在单体架构中，所有模块都包含在同一工程内，并且共用一个数据库，这导致存储方式较为单一。相比之下，在微服务架构中，每个服务都可以选择不同的存储解决方案（例如，某些服务可能采用 Redis，而其他服务可能使用 MySQL），并且每个服务都有其专用的数据库。

与传统的单体架构相比，单体架构中的所有模块紧密耦合，代码量庞大且难以维护。微服务架构允许每个服务独立运作，类似于独立项目，这显著减少了代码量，并简化了问题解决的过程。

此外，在微服务架构下，每个服务可以采用不同的技术栈，从而提供了更大的开发灵活性和多样性，如图 1-6 所示。

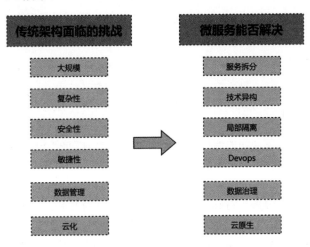

图 1-6　单体架构与微服务架构图

2. 微服务与 SOA 的区别

SOA（面向服务的架构）是一种软件架构风格，它将应用程序的功能分解为独立的服务单元，并通过企业服务总线（ESB）进行通信和集成。SOA 强调服务的可重用性和松耦合性，适用于构建大型企业级应用。

微服务架构将应用程序构建为一组小型、独立的服务，每个服务在自己的进程中运行，并通过轻量级的通信机制进行交互。这些服务专注于单一业务功能，具有高度的自治性和独立性，这有助于开发团队进行敏捷开发和快速迭代，同时提高了系统的容错性和可靠性。

SOA 与微服务架构如图 1-7 所示。

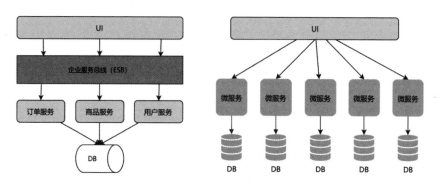

图 1-7　SOA 与微服务架构图

微服务架构和 SOA 在表面上可能看起来有些相似，以至于早期有人将微服务视作细粒度的 SOA。然而，它们之间实际上存在显著差异，主要表现在以下方面。

（1）服务粒度：微服务架构中的服务粒度较细，每个服务专注于单一业务功能的执行；而 SOA 中服务的粒度较粗，通常覆盖更广泛的业务流程。

（2）架构风格：微服务架构倾向于去中心化，允许各个服务独立选择技术栈和数据存储方式；SOA 则通常具有更集中的管理和控制，强调服务的规范化和标准化。

（3）通信方式：微服务之间的通信通常采用轻量级的 HTTP/RESTful 协议，简单而高效；SOA 则常依赖企业服务总线（Enterprise Service Bus，ESB）进行消息路由和转换，通信过程相对复杂。

（4）部署方式：微服务支持独立部署，使得部署速度更快，更易于进行扩展和更新；SOA 中的服务部署往往更为复杂，更新和扩展的难度较高。

（5）数据管理：在微服务架构中，每个服务通常拥有独立的数据管理，并通过特定机制确保数据一致性；SOA 则更倾向于采用集中式的数据管理。

（6）技术选型：微服务架构为每个服务提供了更大的技术选型自由度；SOA 则更注重技术的统一性和兼容性。

（7）敏捷性：微服务架构更能适应快速变化的业务需求，具有更短的开发和部署周期，展现出更高的敏捷性；相比之下，SOA 在应对变化时的灵活性可能稍显不足。

3. 总结

总的来说，微服务、单体应用和 SOA 是三种不同的软件架构风格，每种风格都有其独特的优势和适用场景。选择恰当的架构风格应基于具体的业务需求和技术环境来做出决策。

1.5　什么场景适合微服务

此前已阐述了微服务的定义、采用微服务的缘由，以及微服务与单体、SOA 等架构的差异。那么，什么样的系统适合采用微服务架构呢？

适合微服务架构的系统通常具有以下特点：

- 大规模和复杂性：当项目规模较大，功能模块较多，需要支持多种客户端、多种协议和多种数据源时，采用微服务架构可以更好地管理和维护系统。
- 高可用和高性能：当项目需要支持高并发和高可用性时，采用微服务架构可以通过横向扩展来提高系统的性能和可用性。
- 技术异构性：当项目需要支持多种技术栈和开发语言时，采用微服务架构可以更好地适应不同的技术栈和开发语言，从而提高开发效率和灵活性。
- 敏捷开发：当项目需要支持快速迭代和敏捷开发时，采用微服务架构可以通过自治性和松耦合的设计来提高开发效率和灵活性。
- 云原生：当项目需要支持云原生应用开发和部署时，采用微服务架构可以更好地适应云环境的要求，从而提高部署效率和可伸缩性。

需要注意的是，微服务架构并非适用于所有场景。对于一些规模较小、功能单一的项目，采用微服务架构可能会不必要地增加开发和维护的成本。因此，应根据项目的具体情况来做出选择。

此外，微服务的划分应基于业务功能的独立性。对于涉及操作系统内核、存储、网络、数据库等基础层面的系统，它们属于底层架构，各功能之间的依赖关系通常较为紧密。在这种情况下，如果强行将这些系统拆分为多个小服务单元，可能会导致集成过程变得复杂，工作量大幅增加，并且难以实现业务隔离和服务的独立部署运行。因此，这类系统可能不适合采用微服务架构。

1.6　微服务架构的形态

既然微服务有着众多优点，又是应用系统架构的大趋势，本节就来深入了解其具体形态。

许多人声称自己的架构是微服务架构，那么微服务架构究竟是怎样的呢？

1. 微服务需要解决的问题

微服务架构，简而言之，是将单体应用进一步分解，拆分为更为细小的服务，每个服务均为能够独立运行的项目。然而，一旦采用微服务系统架构，必然会面临如下几个问题：

（1）数量众多的小服务，应当如何对其进行管理？

（2）数量众多的小服务，它们之间应当怎样实现通信？

（3）数量众多的小服务，客户端应通过何种方式对其进行访问？

（4）数量众多的小服务，一旦产生问题，应当如何进行排错？

针对上述问题，任何一位微服务设计者均无法回避，故而大部分微服务架构解决方案针对每个问题都提供了相应的解决策略或组件。

2. 微服务架构到底长什么样

从整体结构来看，微服务架构类似于由多个小型、独立的模块构成的系统。

每个微服务都是一个独立的应用单元，具备自己的业务逻辑、数据存储和运行环境。它们专注于实现特定的业务功能。例如，用户管理微服务处理用户的注册、登录和信息管理；订单管理微服务则负责订单的创建、处理和跟踪等业务流程。

这些微服务通过轻量级的通信机制进行交互，通常是基于 HTTP 协议的 API 接口。它们可以部署在不同的物理服务器上，或在同一服务器的不同容器中，以实现灵活的部署和扩展策略，如图 1-8 所示。

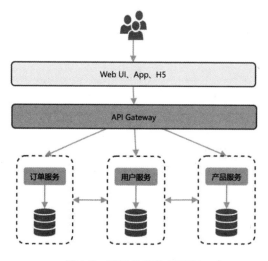

图 1-8　微服务架构模型图

通过将服务进行原子化拆分，确保每个微服务都有明确的任务划分和单一的业务职责，这有助于实现服务的扩展性。微服务之间通过 RESTful 等轻量级 HTTP 协议进行相互调用，保持了松耦合的状态。它们能够独立地进行打包、部署和升级，有效避免了因单一模块问题导致的整个服务崩溃的风险。

3. 微服务治理核心概念

我们在学习微服务的时候，通常会遇到各种概念和组件，例如服务治理、服务调用、服务网关和服务容错等。那么，这些组件究竟是什么？它们各自有什么作用呢？

1）服务注册与发现

服务注册与发现是分布式或微服务架构中的核心，它能让各微服务动态地了解彼此的状态，有利于系统动态扩展、灵活部署，提高整体的可靠性与可维护性。

● 服务注册：各微服务将自身信息注册到注册中心。
● 服务发现：其他微服务或客户端通过注册中心获取目标服务信息（如地址和端口），以建立连接和通信。

2）服务调用

服务调用是指一个微服务向另一个微服务发起请求，并接收相应的响应的过程。通过定义明确的接口和协议，实现不同服务之间的通信与协作，这有助于促进服务的复用和功能的解耦。目前，主流的远程服务调用技术包括基于 HTTP 请求的 RESTful 接口和基于 TCP 的 RPC 协议。

● RESTful（Representational State Transfer）：RESTful 是一种基于 HTTP 协议的软件架构风格和设计原则，用于构建网络应用程序的架构。
● RPC（Remote Promote Call）：RPC 是一种通信协议，用于在不同的进程或计算机之间进行通信和远程调用。它允许像调用本地服务一样调用远程服务。

表 1-1 给出了 RESTful 和 RPC 的区别和联系。

表1-1　RESTful和RPC的区别和联系

比　较　项	RESTful	RPC
通信协议	HTTP	一般是 TCP
性能	略低	较高
灵活度	高	低
应用	微服务架构	SOA 架构

3）服务网关

随着微服务数量的增加，不同的微服务可能具有不同的网络地址，而外部客户端可能需要调用多个服务接口以满足特定的业务需求。如果客户端直接与各个微服务通信，可能会遇到以下问题：

- 客户端需要管理众多不同的微服务地址，导致调用逻辑复杂，增加了开发和维护成本。
- 微服务之间可能使用不同的通信协议和数据格式，增加了客户端的适配难度。
- 缺少统一的安全入口，使得安全策略难以实施，降低了数据和服务的安全性。
- 难以集中管理流量，例如限流、熔断和降级等，影响了系统的稳定性和可靠性。
- 容易产生跨域请求问题，增加了通信障碍。
- 客户端需要处理不同微服务的版本兼容性问题。

为了解决这些问题，服务网关应运而生。服务网关作为微服务架构的统一入口，接收外部请求并将其路由到后端相应的服务。它还承担身份验证、授权、请求限流、协议转换等职能，如图 1-9 所示。

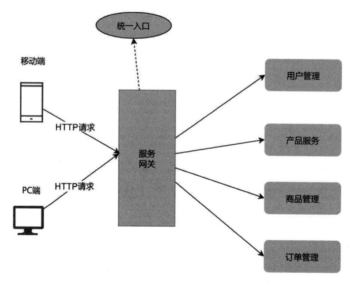

图 1-9　服务网关结构图

4）服务容错

服务容错旨在处理服务调用过程中可能出现的错误和异常情况。常见的容错机制包括断路器模式、重试机制、降级处理等。其作用是当某个服务出现故障时，能够避免故障扩散，以保证整个系统的稳定性和可用性，尽量减少对业务的影响，如图 1-10 所示。

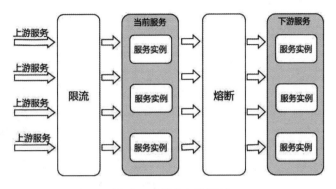

图 1-10　服务容错机制

总之，这些组件和概念相互配合，共同构建了一个可靠、高效、灵活的微服务架构体系。

1.7　本章小结

在当今互联网时代，微服务架构已成为构建高效、稳定的分布式系统的首选架构方案。然而，随着微服务架构的广泛应用，它所面临的挑战也日益显著。本章首先介绍了微服务架构的起源、基本概念和演变历程，然后详细论述了微服务的优势和挑战，探讨了采用微服务的原因以及微服务适用的场景，最后阐释了微服务的具体实现形态。

通过本章的学习，读者应已掌握微服务的基本准则、设计模式和最佳实践，明确了微服务的定义、架构特点以及适合采用微服务的项目类型，为进一步深入学习奠定了基础。

第 2 章

Spring Cloud 概述

本章将详细介绍 Spring Cloud，包括其在微服务架构中的作用、核心组件，以及与其他微服务框架的比较分析。通过学习本章，读者将了解 Spring Cloud 的基本概念和特性，并掌握其核心组件的使用方法。

2.1 Spring Cloud 简介

既然微服务具有诸多优点，而 Spring Cloud 又是开发微服务的主流方案，接下来就让我们循序渐进、全面深入地了解 Spring Cloud，领略微服务的迷人魅力。

2.1.1 什么是 Spring Cloud

Spring Cloud 是什么？我们先来看看官方的解释：

Spring Cloud 为开发人员提供了快速构建分布式系统中常见模式的工具（例如配置管理、服务发现、断路器、智能路由、微代理、控制总线）。分布式系统的协调导致了样板模式的产生，使用 Spring Cloud，开发人员可以快速地支持实现这些模式的服务和应用程序。这些服务和应用程序将在任何分布式环境中运行良好，包括开发人员自己的笔记本电脑、裸机数据中心以及 Cloud Foundry 等托管平台。

笔者认为，Spring Cloud 是微服务系统架构的一站式解决方案。在构建微服务的过程中，需要一系列微服务治理组件，如服务发现注册、配置中心、消息总线、负载均衡、断路器、数据监控等，而 Spring Cloud 提供了一整套简易且完善的微服务治理解决方案，使我们可以在 Spring Cloud 的基础上轻松构建微服务项目。

此外，Spring Cloud 并未重复制造轮子，而是整合了多家公司开发的成熟且经过实践检验的服务框架。它遵循 Spring Boot 的"约定优于配置"原则，对这些框架进行了再封装，简化了复杂的配置和实现细节。最终，Spring Cloud 为开发者提供了一套易于理解、部署和维护的分布式系统开发工具包。这不仅为微服务架构的实施提供了全面的解决方案，也为企业级应用开发提供了更为便捷的途径。

2.1.2　Spring Cloud 的发展前景

近些年来，伴随云计算与 Docker 容器技术的不断普及，微服务架构在未来"云"化软件开发架构中占据着重要地位。一般的中小型互联网公司，往往缺乏充足的资源或技术来独自开发分布式系统基础设施，而 Spring Cloud 提供了一站式的解决方案，不但能够支撑业务发展，还能够大幅降低开发成本，有力地推动了服务端软件系统技术水平的提高。

Spring Cloud 作为一个成熟且强大的微服务框架，具备以下优势，使其在未来具有良好的发展态势。

1. 开发效率提高

Spring Cloud 提供了一系列的组件和工具，如服务发现、负载均衡、断路器、配置中心等，这些组件和工具可以帮助开发人员快速开发和部署微服务应用。与传统的单体应用相比，微服务应用的开发效率更高，可以更快地响应市场需求。

2. 技术生态丰富

Spring Cloud 是基于 Spring Framework 的微服务框架，而 Spring Framework 是 Java 生态中非常重要的一个框架。Java 生态中有很多优秀的框架和工具，如 Spring Boot、Hibernate、MyBatis、Redis、Kafka 等，这些框架和工具都可以与 Spring Cloud 集成，使得 Spring Cloud 的功能更加丰富。

3. 云原生应用的趋势

随着云计算和容器技术的发展，云原生应用成为一个趋势。云原生应用是指在云环境中构建和运行的应用程序，它具有高度的可扩展性、可靠性和弹性。Spring Cloud 作为一个云原生应用开发框架，可以为开发人员提供更加便捷的方式来构建和部署云原生应用。

4. 微服务架构的普及

微服务架构是一种分布式系统架构，它将应用程序拆分成多个小型服务，每个服务都独立运行和部署，并通过轻量级的通信机制进行通信。微服务架构的出现使得应用程序的开发、部署和维护变得更加容易。而 Spring Cloud 作为一个微服务框架，可以为开发人员提供更加便捷的方式来构建和部署微服务应用。

综上所述，Spring Cloud 作为一个基于 Spring Framework 的微服务框架，具有广阔的前景。它可以提高开发效率、丰富技术生态、支持云原生应用开发和推动微服务架构的普及。随着云计算和容器技术的发展，Spring Cloud 的前景将更加广阔。

2.1.3　Spring Cloud 与 Dubbo 的对比

在构建微服务架构的过程中，选择一个符合项目需求的框架是一个至关重要的决策。Spring Cloud 和 Dubbo 作为两个备受瞩目的微服务框架，各自具有独特的特点和优势。

面对首次实施微服务架构的挑战，我们应如何决定选择哪个基础框架？是选择 Spring Cloud 还是 Dubbo？

1. 出身背景

Spring Cloud 由 Pivotal 公司开发，它构建在 Spring Boot 基础之上，形成了一套全面的微服务开发工具集。Spring 框架在企业级应用开发中得到了广泛应用，并积累了深厚的技术基础。Spring Cloud 继承了 Spring 生态系统的强大特性，与 Spring 框架的整合非常紧密，能够充分利用 Spring 的特性和优势。

Dubbo 是由阿里巴巴开源的分布式服务框架，起源于阿里巴巴内部大规模服务化的实践，主要目的是解决高并发和高可用的服务调用问题。由于它基于电商领域的实际需求设计，因此在处理大规模服务调用和性能优化方面拥有丰富的经验。

两个框架的不同出身背景导致了它们在设计理念和应用场景上的差异。如果项目已经深入采用了 Spring 技术栈，Spring Cloud 可能是一个更自然的选择；如果项目更加关注服务调用性能和电商领域的特定需求，Dubbo 可能展现出更大的优势。

2. 社区活跃度

Spring Cloud 拥有极其活跃的社区。在 GitHub 上，其项目的 Star 数和 Fork 数都非常高，社区贡献者众多，不断有新的功能和改进被提交。活跃的社区意味着更快的问题解决速度、更多的技术交流和丰富的第三方扩展。同时，Spring Cloud 也经常在技术会议和论坛上被讨论和分享，相关的技术文章和教程也层出不穷。

Dubbo 同样有一个活跃的社区，但相对 Spring Cloud 来说，其活跃度可能稍逊一筹。不过，随着近年来的重新活跃和发展，Dubbo 的社区也在不断壮大，为框架的持续发展提供了有力的支持。

社区活跃度对于项目的长期发展至关重要。如果项目需要及时获取最新的技术支持和解决方案，或者希望能够方便地集成丰富的第三方组件，那么 Spring Cloud 可能更合适。但如果项目对特定功能有较为明确的需求，并且 Dubbo 能够满足，其相对较小但仍然活跃的社区也能够提供必要的支持。

3. 功能完整度

许多人会觉得将 Spring Cloud 与 Dubbo 进行对比存在一定的不公平性。Dubbo 仅仅实现了服务治理的功能，然而 Spring Cloud 提供了一整套完整的微服务解决方案，包括服务注册与发现（Eureka、Consul 等）、配置中心（Spring Cloud Config）、断路器（Hystrix）、网关（Zuul、Spring Cloud Gateway）、链路追踪（Spring Cloud Sleuth）等。它几乎涵盖了微服务架构中的各个方面，能够满足大多数常见的微服务需求。

在选择框架时，方案的功能完整性确实是一个需要重点关注的因素。表 2-1 提供了 Dubbo 与 Spring Cloud 相关功能的对比说明。

表2-1　Dubbo与Spring Cloud相关功能的对比说明

功　　能	Dubbo	Spring Cloud
服务注册与发现	支持	支持
负载均衡	支持多种负载均衡策略	支持多种负载均衡策略
服务调用	支持远程过程调用（RPC）	支持远程过程调用（RPC）
服务容错	支持多种容错机制，如失败重试、熔断、限流等	支持多种容错机制，如失败重试、熔断、限流等
服务监控	提供丰富的监控指标和可视化界面	提供丰富的监控指标和可视化界面
配置管理	需要额外集成其他组件	提供统一的配置管理和动态刷新功能
服务网关	需要额外集成其他组件	提供集成的 API 网关组件（如 Spring Cloud Gateway）
分布式追踪	需要额外集成其他组件	提供集成的分布式追踪组件（如 Spring Cloud Sleuth）

可以看出，Dubbo 和 Spring Cloud 在功能上存在一定差异。Dubbo 主要聚焦于服务治理方面的功能，而 Spring Cloud 则提供了更为全面的微服务架构解决方案。在进行框架选择时，必须依据项目的需求以及团队的实际状况，对各个方面的因素加以权衡，从而选出最为适宜的框架。

4. 文档质量

Spring Cloud 的文档非常丰富和详细。官方文档不仅对每个组件的使用方法、配置参数进行了清晰的说明，还提供了大量的示例代码和架构设计的指导。文档的组织架构合理，易于查找和阅读。此外，还有众多的技术博客和开源项目对 Spring Cloud 的文档进行了补充和扩展，为开发者提供了更多的学习资源。

Dubbo 的文档也在不断完善和改进，能够提供基本的使用说明和示例。但相对 Spring Cloud

来说，文档的丰富程度和详细程度可能略有不足，特别是在一些高级特性和复杂场景的介绍上。

优质的文档对于项目的开发和维护至关重要。如果开发者希望能够通过详细的文档快速上手和深入了解框架的各个方面，那么 Spring Cloud 的文档可能会更有帮助。但如果项目团队对 Dubbo 有一定的经验，或者能够通过社区和其他渠道获取足够的技术支持，Dubbo 的文档也能够满足基本的开发需求。

5. 性能

Spring Cloud 通常基于 HTTP 协议进行通信，这种方式在通用性和跨语言支持方面具有优势，但在性能上相对较弱。特别是在高并发、大数据量传输的场景下，可能会出现一定的性能瓶颈。

Dubbo 采用了高效的 RPC 通信协议，如 Dubbo 协议，在性能方面表现出色。对于对性能要求较高的场景，如金融交易、实时数据处理等，Dubbo 能够提供更低的延迟和更高的吞吐量。

性能是选择框架时需要重点考虑的因素之一。如果项目对性能要求非常苛刻，并且能够接受相对较复杂的开发和部署，那么 Dubbo 可能是更好的选择。但如果性能不是最关键的因素，而更注重开发效率和通用性，Spring Cloud 基于 HTTP 的通信方式可能更合适。

6. 通信协议

Spring Cloud 主要基于 HTTP 协议进行通信，如 RESTful API。这种协议具有良好的通用性和跨语言支持，易于与其他系统集成。但 HTTP 协议在网络开销和性能上存在一定的劣势。

Dubbo 支持多种通信协议，默认使用自定义的 Dubbo 协议。Dubbo 协议在数据传输效率和性能上进行了优化，适合在内部服务之间进行高效的通信。同时，Dubbo 也支持 HTTP 等其他协议，以满足不同的场景需求。

通信协议的选择取决于项目的具体需求。如果项目需要与多种不同语言和技术栈的系统进行集成，并且对性能要求不是特别高，那么 Spring Cloud 基于 HTTP 的通信方式可能更方便。但如果项目主要是在 Java 环境内部进行服务调用，并且对性能要求较高，那么 Dubbo 的自定义协议可能更合适。

7. 总结

综上所述，确定项目适合使用 Spring Cloud 还是 Dubbo 需要综合考虑多个因素。如果项目已经基于 Spring 技术栈，对功能的完整性和通用性要求较高，并且能够接受相对较低的性能开销，那么 Spring Cloud 可能是更好的选择；如果项目对性能要求极高，功能需求较为专注和明确，并且团队对 RPC 技术有较好的掌握，那么 Dubbo 可能更适合。

在实际项目中，也可以根据不同的业务模块和需求，灵活地选择使用两种框架的组合，以充分发挥它们各自的优势。例如，可以在核心业务模块使用 Dubbo 来保证性能，而在一些与外部系统集成的边缘模块使用 Spring Cloud 来提高通用性和灵活性。

2.2　Spring Cloud 的版本

前面介绍了什么是 Spring Cloud，由于 Spring Cloud 是由众多子项目集合而成的微服务解决方案，因此其版本发布计划和版本号命名都是精心设计过的。本节将介绍 Spring Cloud 的版本相关信息。

2.2.1　Spring Cloud 的版本发布规则

众所周知，通常软件的版本号是以数字形式呈现的，例如 2.0.2.RELEASE。然而，Spring Cloud 的版本号却采用单词而非数字。这便引发了一个疑问：为何 Spring Cloud 选择以单词作为版本号？其中是否蕴含深意？

因为 Spring Cloud 由多个独立的子项目构成，每个子项目均相互独立，依照自身规划进行迭代与版本发布。这些子项目的版本或许各不相同，难以通过统一的数字版本号加以管理。故而，Spring Cloud 不适合运用传统的版本号进行管理，而选用版本名，即运用单词来代表每个版本。这样做的目的在于更有效地管理每个 Spring Cloud 子项目的清单，规避 Spring Cloud 项目版本号与子项目版本号的混淆。

通过使用单词作为版本号，Spring Cloud 能够更明晰地区分不同的子项目版本，并且更出色地管理它们的发布与迭代。这种方式使得开发者能够更确切地了解每个子项目的变化和功能，从而依据自身需求选取适宜的版本。

1. 版本号的定义规则

Spring Cloud 的版本名采用了伦敦地铁站的名称，并按照字母顺序进行排序。根据这个规则，字母顺序越靠后的版本号越大。版本号的具体格式为"英文单词+SRX（X 为数字）"。其中"英文单词"被称为 release train，例如 Camden、Dalston、Edgware 等都是伦敦地铁站的名称。SR 表示 Service Release，即服务发布，一般表示 Bug 修复。在 SR 版本发布之前，通常会先发布一个 Release 版本。

这种命名体系的优势在于，它能够清晰地区分不同版本的先后顺序，并使开发者容易理解版本间的演变。使用伦敦地铁站名称并按字母排序，使得 Spring Cloud 的版本号不仅有序，而且更易于记忆和理解。

2. 版本发布计划

Spring Cloud 的版本发布计划中使用了一些特定的标识来表示不同的发布类型。这些标识包括 BUILD-XXX、GA、PRE、RC 和 SR 等。当一个版本的更新累积较多或者解决了一个严重的 Bug 时，会发布一个 Service Release 版本，简称 SR。SR 后面的数字表示该大版本下的第一次发布。举例来说，Finchley 有 Finchley.RELEASE 版本，在 Finchley.SR2 之前一直是 RC2，到了 2.0.3.RELEASE 还是 Finchley.RELEASE，直到 2.0.8.RELEASE 才变成 Finchley.SR2。具体的版本信息可以参考表 2-2。

表2-2　Spring Cloud 版本发布规则

版　本　号	版　　本	用　　途
BUILD-XXX	开发版（Build）	一般是开发团队内部使用
GA	稳定版（General Availability，GA）	开发集成测试完成，并通过全面测试，所有功能稳定、可用。这个时候就叫 GA
PRE（M1、M2）	里程碑版（Milestone）	Milestone 主要用于处理稳定版本中发现的一些 Bug。一个 GA 版本后，可能有多个里程碑版本，如 M1、M2 等
RC	候选发布版（Release Candidate，RC）	经过 GA 再到 PRE 版本之后，程序进入 RC 阶段。此阶段类似于软件最终发布前的观察期，此期间只对高等级的 Bug 进行修复，发布 RC1、RC2 等版本
SR	正式发布版	公开正式发布，而且正式发布版一般也有多个版本，例如 SR1、SR2、SR3 等，用于修复重大 Bug 或优化

Spring Cloud 各版本与 Spring Boot 的对应关系也需要注意，不同的 Spring Cloud 版本基于特定的 Spring Boot 版本构建，例如 Greenwich 版本基于 Spring Boot 2.1.x，不兼容之前的版本，如 Spring Boot 1.5.x。在确定使用哪个 Spring Cloud 版本时，需要考虑项目中使用的 Spring Boot 版本，以确保兼容性。

需要注意的是，自 springcloud2020.0.0 - m1 起，Spring Cloud 摒弃了英国伦敦地铁站的命名方式，开始采用全新的"日历化"版本命名方式。该方式依据项目的发布日期，遵循 yyyy.minor.micro 的命名规则，其中 yyyy 表示 4 位年份，minor 为一个递增数字（每年从 0 开始递增），micro 则代表版本号后缀。例如，2020.0.0 - m1、2020.0.0 - rc2、2020.0.0 - snapshot 等。这种日历化的版本命名方式的优势在于能够更便捷地知晓当前版本的年份，掌握版本的时间信息，进而更好地判断是否需要进行升级。

2.2.2　Spring Cloud 的项目组成

Spring Cloud 是 Spring 框架下的一个顶级项目，与 Spring Boot 和 Spring Data 位于同一层级。作为微服务架构的集大成者，Spring Cloud 整合了一系列优秀的组件。Spring Cloud 的组件非常丰富，拥有许多子项目，包括 Spring Cloud Config、Spring Cloud Netflix、Spring Cloud Bus、Spring Cloud Stream 等，如图 2-1 所示。

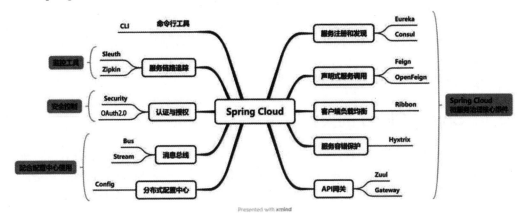

图 2-1　Spring Cloud 的项目组成

2.2.3　Spring Cloud 与 Spring Boot 版本之间的对应关系

在使用 Spring Cloud 之前，了解 Spring Cloud 与 Spring Boot 的版本对应关系非常重要。不同版本的 Spring Cloud 对 Spring Boot 的版本有特定的兼容性要求，如果版本不匹配，可能会导致项目在开发、运行和部署过程中出现各种问题，如功能异常、依赖冲突、配置不生效等。只有使用相互兼容的版本组合，才能确保系统稳定、可靠地运行，充分发挥 Spring Cloud 和 Spring Boot 的功能和特性，提高开发效率和项目质量。具体对应关系如表 2-3 所示。

表2-3　Spring Boot与Spring Cloud 版本之间的对应关系

Spring Cloud 版本	发布时间	Spring Boot 版本
2022.0.0（Kilburn）	2022 年 12 月	3.0.x
2020.0.x（Akailford）	2020 年 12 月	2.4.x，2.5.x（从 2020.0.3 开始）
Hoxton	2019 年 07 月	2.2.x，2.3.x（Starting with SR5）
Greenwich	2018 年 11 月	2.1.x
Finchley	2017 年 10 月	2.0.x
Edgware	2017 年 08 月	1.5.x
Dalston	2017 年 05 月	1.5.x

需要注意的是，Spring Cloud 的版本更新较快，对应的 Spring Boot 版本也可能会有所变化。为了确保项目的稳定性和兼容性，在开发时需要查阅最新的官方文档获取准确的版本对应信息。

2.3 Spring Cloud 的核心组件和架构

通过前面的阐述，我们了解到 Spring Cloud 并不是一种编程语言或单一工具，而是由众多组件构成的微服务解决方案。因此，在开始学习 Spring Cloud 的应用之前，需要先对 Spring Cloud 的核心组件和整体架构有一个宏观的认识。如果没有这样的认知，我们可能会面临像盲人摸象一样无法全面把握全貌的风险。

2.3.1 Spring Cloud 的架构

Spring Cloud 涵盖众多组件，每个组件皆具备各异的功能。仅依靠功能描述，或许难以对各个组件形成直观且明晰的认知。鉴于此，我们不妨先审视一幅 Spring Cloud 微服务的整体架构图，从而对各个组件的功能与所处位置获取一个宏观性的了解，如图 2-2 所示。

Spring Cloud组件架构

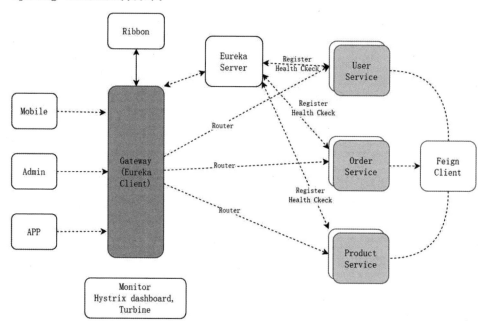

图 2-2 Spring Cloud 的整体架构图

从 Spring Cloud 的架构图中，我们发现 Spring Cloud 微服务架构主要包含 5 个核心的组件：注册中心（Eureka）、服务网关（Gateway）、服务容错（Hystrix）、负载均衡（Ribbon）、配置中心（Config）。

2.3.2　Spring Cloud 的核心组件

前面介绍了 Spring Cloud 的核心组件，这些组件是 Spring Cloud 微服务治理解决方案的核心。接下来，我们将详细了解这五大核心组件及其功能和职责。

1. 服务发现框架——Eureka

Spring Cloud Eureka 是 Spring Cloud 项目下的服务治理模块，实现服务治理（服务注册与发现）的功能，由两个组件组成：Eureka 服务端和 Eureka 客户端。

- Eureka Server 作为服务注册中心，负责管理服务实例的注册与发现。
- Eureka Client 则充当服务提供者和服务消费者的客户端，用于向 Eureka Server 注册服务实例，并查询可用的服务实例列表，以支持服务的动态发现和调用。

在服务启动时，Eureka 客户端向服务端注册自己的服务信息，同时将服务端的服务信息缓存到本地，客户端会和服务端周期性地进行心跳交互，以更新服务租约和服务信息，如图 2-3 所示。

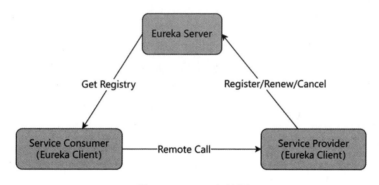

图 2-3　Eureka 架构图

2. 负载均衡——Ribbon

Spring Cloud 的 Ribbon 组件是一个客户端负载均衡组件，它是 Spring Cloud 生态系统的一部分。

在微服务架构中，为了实现高可用性和负载均衡，服务通常会有多个部署实例。当客户端（通常是另一个微服务）需要调用某个服务时，Ribbon 可以根据特定的负载均衡策略，从服务的多个实例中选择一个合适的实例来执行调用。

Ribbon 内建了多种负载均衡策略，包括轮询、随机、加权轮询和加权随机等，开发人员可以根据实际需求选择合适的策略进行配置。它能够与 Spring Cloud 的其他组件（例如 RestTemplate）无缝集成，简化了服务调用过程中的负载均衡实现。利用 Ribbon 可以显著提升系统的可用性和性能，防止单个服务实例过载，如图 2-4 所示。

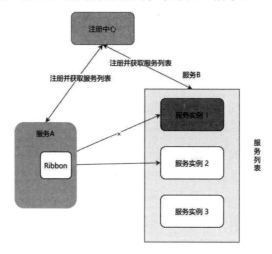

图 2-4　Ribbon 的工作示意图

3. 服务容错——Hystrix

在分布式系统中，单个服务的不可用或响应延迟可能会造成大量请求的阻塞和累积。这种情况可能触发一连串的连锁故障，影响其他相关服务，最终可能导致整个系统的瘫痪。

例如，当一个关键服务遭遇故障或性能显著下降时，依赖该服务的其他服务可能会因等待响应而阻塞。如果不及时处理，服务阻塞的问题会随着时间的推移而加剧，形成类似雪崩的效应，扩散至整个系统，影响其正常运行，如图 2-5 所示。

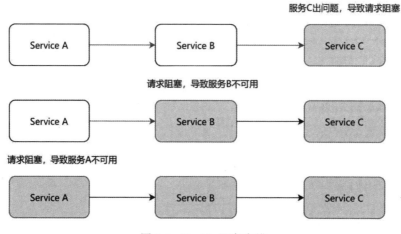

图 2-5　Hystrix 服务容错

这就是服务故障的"雪崩"效应。通常是由于服务间的强依赖性、不合理的超时配置或流量的急剧增加等因素触发的。Hystrix 服务容错组件能够隔离服务间的访问点，防止级联故障的发生，并提供备选方案以实现微服务的容错处理，从而增强系统的整体弹性。

4．微服务网关——Gateway

Spring Cloud Gateway 是 Spring Cloud 生态系统中的网关组件。它是基于 Spring 5、Project Reactor 和 Spring Boot 2.0 构建的，旨在为微服务架构提供一种简单、有效且统一的 API 路由管理方式，实现服务的统一入口管理、请求路由、安全控制和流量管控等功能，提高了系统整体架构的灵活性和可维护性，如图 2-6 所示。

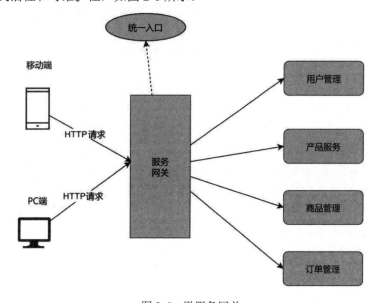

图 2-6　微服务网关

在微服务架构中，后端服务通常不会直接向调用端开放，而是凭借一个 API 网关依据请求的 URL，将它路由至对应的服务。添加 API 网关后，在第三方调用端与服务提供方之间便构筑起了一道屏障，此屏障直接与调用方进行通信以实施权限控制，并将请求均衡分发给后台服务端。

简而言之，网关是系统唯一面向外部的入口，处于客户端与服务器端之间，用于针对请求执行鉴权、限流、路由、监控等请求处理任务。

5．配置中心——Config

Spring Cloud Config 为分布式系统中的外部化配置提供服务器和客户端支持。使用 Config 服务器可以在中心位置管理所有环境中应用程序的外部属性。

Spring Cloud Config 提供了配置管理的服务器端和客户端，服务器存储后端的默认实现使用 Git，因此它轻松支持标签版本的配置环境，以及可以访问用于管理内容的各种工具，如图 2-7 所示。不过，这个过程是静态的，需要结合 Spring Cloud Bus 来实现动态的配置更新。

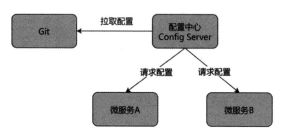

图 2-7　Spring Cloud 配置中心

2.4　本章小结

本章主要介绍了 Spring Cloud 的核心组件和特性，并解释了它如何解决微服务开发中的常见问题，内容涵盖了 Spring Cloud 的基本概念、发展前景、项目组成以及版本信息。本章特别强调了 Spring Cloud 的核心组件，这些组件构成了微服务治理的基石，对于任何微服务架构而言，这些角色都是不可或缺的。

通过本章的学习，读者将全面深入地理解 Spring Cloud 的价值和适用场景，了解 Spring Cloud 及其核心组件各自的功能和作用，并为进一步学习打下坚实的基础。

第 3 章

Spring Boot 基础

在开始学习 Spring Cloud 之前，强烈建议先熟悉 Spring Boot。本章通过实战示例介绍 Spring Boot 的基本概念和核心特性，旨在帮助读者快速掌握 Spring Boot 的开发环境搭建，常用注解及配置、部署和运行等相关知识。若你已经对 Spring Boot 有深入了解，并且急切希望开始学习 Spring Cloud，可以根据个人学习习惯选择跳过本章。

3.1 Spring Boot 概述

Spring Boot 是运用 Spring Cloud 的基础。为使后续学习更为顺畅，建议尚不熟悉 Spring Boot 的读者先对其加以了解。本节首先阐释什么是 Spring Boot，接着介绍 Spring、Spring Boot 与 Spring Cloud 三者之间的关系。

3.1.1 什么是 Spring Boot

在多年的快速发展中，Spring 框架在不断增添新功能的同时，变得日益复杂。通过访问 Spring 官方网站，我们可以看到其丰富的子项目和组件库，这些繁杂的组成部分使得 Spring 逐渐显得臃肿，难以适应云计算和微服务时代的发展趋势。

于是，Spring Boot 应运而生。它建立在 Spring 基础之上，并遵循"约定优于配置"的原则，减少了在创建项目或框架时必须进行的烦琐配置，帮助开发者以最小的工作量，更简单、便捷地利用现有 Spring 中的所有功能组件。

根据 Spring 官网的定义：Spring Boot 是所有基于 Spring 开发项目的起点。它是由 Pivotal

团队提供的一种全新框架，旨在简化 Spring 应用的初始搭建和开发过程。该框架采用特定的配置方式，免除了开发人员定义样板化配置的需要。

Spring Boot 的核心设计思想是"约定优于配置"。这一设计原则极大地简化了项目和框架的配置。例如，在使用 Spring 开发 Web 项目时，我们通常需要配置 web.xml、Spring 和 MyBatis 等，并将它们集成在一起。而使用 Spring Boot，这一切都变得非常简单，它采用了大量的默认配置来简化这些文件的配置过程，只需引入对应的 Starters（启动器）。

Spring Boot 继承了 Spring 一贯的优点和特性，同时增加了一些新功能和新特性，这让 Spring Boot 非常容易上手，也让编程变得更加简单。总结起来，Spring Boot 具有以下几个优点：

（1）遵循"约定优于配置"的原则，使用 Spring Boot 只需要很少的配置或使用默认的配置。

（2）使用 JavaConfig，避免使用 XML 的烦琐。

（3）提供 Starters（启动器），简化 Maven 配置，避免依赖冲突。

（4）提供内嵌 Servlet 容器，可选择内嵌 Tomcat、Jetty 等容器，无须单独的 Web 服务器。这意味着不再需要启动 Tomcat 或其他任何中间件。

（5）提供了一系列项目中常见的非功能特性，如安全监控、应用监控、健康检测等。

（6）与云计算、微服务的天然集成。

从软件开发的角度来看，越简单的开发模式越流行、越有活力，因为它能让开发者将精力集中在业务逻辑本身，提高软件开发效率。Spring Boot 尽可能地简化应用开发的门槛，让应用开发、测试、部署变得更加简单。

3.1.2　Spring、Spring Boot 和 Spring Cloud 之间的关系

随着 Spring、Spring Boot 和 Spring Cloud 的不断发展，越来越多的开发者加入 Spring 的大家族。对于初学者而言，可能对 Spring、Spring Boot 和 Spring Cloud 这些概念以及它们之间的关系不太了解，下面我们一起来捋一捋它们之间的关系。

Spring 是一个开源生态体系，集众多功能于一身。其核心是控制反转（Inversion of Control，IoC）和面向切面编程（Aspect Oriented Programming，AOP）。正是 IoC 和 AOP 这两个核心功能使得 Spring 变得如此强大。在这两个核心功能的基础上，Spring 不断发展壮大，衍生出了 Spring MVC、Spring Boot 等一系列成熟的产品，构建了一个功能强大的 Spring 生态体系。

Spring Boot 是在 Spring 的基础上发展而来的，它不是为了取代 Spring，而是为了简化 Spring 应用的创建、运行、调试和部署，让开发者更加便捷地使用 Spring。它将目前各种成熟的服务框架和第三方组件组合起来，按照"约定优于配置"的设计思想进行重新封装，从而屏蔽了复杂的配置和实现，最终为开发者提供了一套简单、易用、易部署和维护的分布式

系统开发工具包。

　　Spring Cloud 是基于 Spring Boot 实现的分布式微服务框架，它借助 Spring Boot 的简单和易用性，简化了分布式系统基础设施的开发工作，如服务发现、服务注册、配置中心、消息总线、负载均衡、断路器、数据监控等基础组件，都可以通过 Spring Boot 风格的开发实现一键启动和部署。

　　在 Spring Cloud 中，Spring Boot 扮演了承上启下的角色，Spring Cloud 利用 Spring Boot 的特性集成了开源社区中的优秀组件，并为微服务架构提供了一套完善的服务治理解决方案，若要学习 Spring Cloud，必须先掌握 Spring Boot。

　　Spring、Spring Boot 和 Spring Cloud 之间的关系如图 3-1 所示。

图 3-1　Spring、Spring Boot 和 Spring Cloud 之间的关系

3.2　构建 Spring Boot 应用 helloworld

　　本章主要介绍如何启动 Spring Boot 项目，并通过一个简单的 helloworld 程序来演示 Spring Boot 的项目结构和启动流程。

3.2.1 创建第一个 Spring Boot 工程

构建 Spring Boot 项目的基础框架有两种方式：第一种是使用 Spring 官方网站提供的构建页面进行配置和生成，第二种是利用 IntelliJ IDEA 集成开发环境中的 Spring 插件来快速创建。

1. 使用 Spring 官方网站提供的构建页面构建

步骤01 访问 Spring 官方网站。

步骤02 选择构建工具为 Maven Project，编程语言选择 Java，Spring Boot 版本选择 2.3.7，然后填写项目的基本信息，具体如图 3-2 所示。

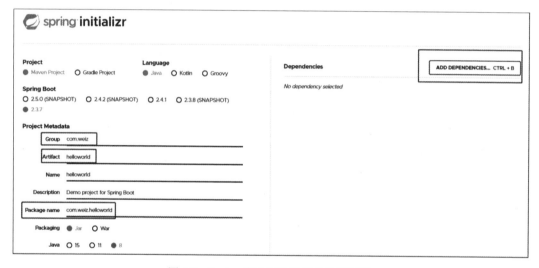

图 3-2　Spring 官方网站提供的构建页面

步骤03 单击 Generate 创建并下载项目压缩包。

步骤04 下载后解压，使用 IDEA 引入项目，依次单击 File→Open File or Project 命令，然后选择解压后的文件夹，单击 OK 按钮，项目即可创建完成。

2. 使用 IDEA 构建

步骤01 打开 IDEA，依次单击 File→New→Project 命令，弹出 New Project 对话框。

步骤02 选择 Spring Initializr，单击 Next 按钮，出现配置界面，IDEA 已经帮助用户进行了集成。如图 3-3 所示，IDEA 界面中的 Group、Artifact 等输入框就对应着项目的 pom.xml 中的 groupId、artifactId 等配置项。

- Group：一般输入公司域名，比如百度公司就会输入 com.baidu，本次演示输入 com.weiz。
- Artifact：可以理解为项目的名称，用户根据实际情况来输入，本次演示输入 helloworld。

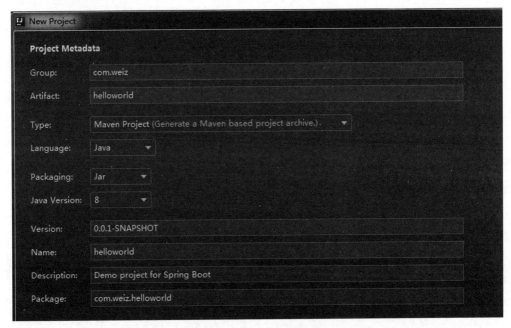

图 3-3 IDEA 构建项目界面

填写完相关信息后，直接单击 Next 按钮来创建项目。

3.2.2 创建 RESTful API 服务

接下来通过一个简单的示例程序演示 Spring Boot 项目究竟是如何运行的。

步骤 **01** 在目录 src\main\java\com\weiz\helloworld\controller 下创建 HelloController，然后添加 /hello 的路由地址和方法，示例代码如下：

```
@RestController
public class HelloController {
    @RequestMapping("/hello")
    public String hello() {
        return "Hello @ Spring Boot!!! ";
    }
}
```

在上面的示例中，我们创建了 HelloController 并创建了一个 hello()方法，然后使用 @RestController 和@RequestMapping 注解实现 HTTP 路由。

（1）@RestController 表示 HelloController 为数据处理控制器。Spring Boot 中有 Controller 和 RestController 两种控制器，都用来表示 Spring 中某个类是否可以接收 HTTP 请求，但不同的是：

- @Controller 返回数据和页面，用于处理 HTTP 请求。
- @RestController 返回客户端数据请求，主要用于 RESTful 接口。

可以说，@RestController 是@Controller 与@ResponseBody 的结合体，因而具有两个标注合并起来的作用。

（2）@RequestMapping("/hello")提供路由映射，意思是"/hello"路径的 HTTP 请求都会被映射到 hello()方法上进行处理。

步骤 02 运行 helloworld 程序。

右击项目中的 HelloApplication→run 命令即可启动项目，若出现如图 3-4 所示的内容，则表示启动成功。

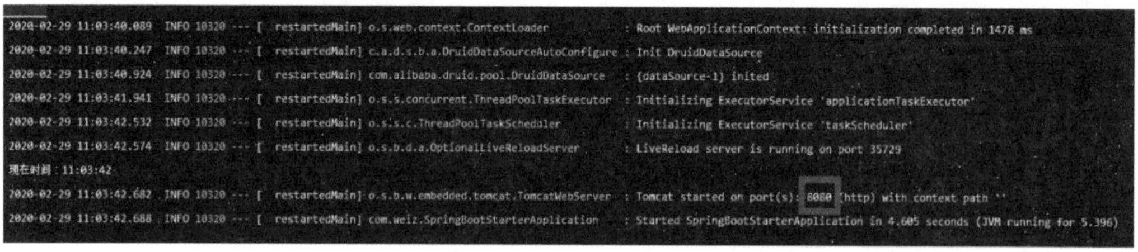

图 3-4　helloworld 项目启动日志

通过系统的启动日志可以看到，系统运行在 8080 端口。如果需要切换到其他端口，则可在 application.properties 配置文件中自行定义。

步骤 03 打开浏览器，访问 http://localhost:8080/hello 地址，查看页面返回的结果，如图 3-5 所示。

Hello @ Spring Boot!!!

图 3-5　helloworld 项目数据返回结果

访问/hello 地址后，后台成功接收到页面请求并返回"Hello @ Spring Boot!!!"，说明我们的第一个 Spring Boot 项目运行成功。

3.3 Web 开发基础

本节主要介绍 Spring Boot 对 Web 应用开发提供了哪些支持，首先介绍 Spring Boot 提供的 Web 组件 spring-boot-starter-web，然后介绍@Controller 和@RestController 注解，以及控制数据返回的@ResponseBody 注解，以便让读者对使用 Spring Boot 开发 Web 系统有初步的了解。

3.3.1 @Controller 和@RestController

在 Spring Boot 中，@Controller 和@RestController 两个注解用于标识一个类负责处理 HTTP 请求。当请求既包含页面又包含数据时，应使用@Controller 注解；而当请求仅包含数据时，则应使用@RestController 注解。

1. @Controller 的用法

在 Spring Boot 中，@Controller 注解主要用于处理页面和数据的返回。下面创建一个名为 HelloController 的控制器类来响应前台页面请求。示例代码如下：

```
@Controller
@RequestMapping("user")
public class UserController {
    @RequestMapping("/index")
    public String index() {
        map.addAttribute("name", "thymeleaf-index");
        return "thymeleaf/index";
    }
}
```

上面的示例用于请求/user/index 地址，返回具体的 index 页面和 name=thymeleaf-index 的数据。在前端页面中，可以通过${name}参数获取后台返回的数据并显示到页面中。

在@Controller 类中，如果只返回数据到前台页面，则需要使用@ResponseBody 注解，否则会报错。示例代码如下：

```
@Controller
public class HelloController {
    @RequestMapping("/hello")
    @ResponseBody
    public String hello(){
        return "hello,world";
    }
}
```

2. @RestController 的用法

在 Spring Boot 中，@RestController 注解专门用于处理数据请求。默认情况下，@RestController 注解会将返回的对象数据转换为 JSON 格式。示例代码如下：

```
@RestController
@RequestMapping("/user")
public class UserController {
    @RequestMapping("/getUser")
    public User getUser(){
        User u = new User();
        u.setName("weiz222");
        u.setAge(20);
        u.setPassword("weiz222");
        return u;
    }
}
```

在上面的示例中，定义了/user/getUser 接口用于返回 JSON 格式的 User 数据。同时，@RequestMapping 注解可以通过 method 参数指定请求的方式。如果请求方式不对，则会报错。

近几年，前端框架越来越强大，前后端分离的 RESTful 架构成为主流。Spring Boot 对 RESTful 进行了非常完善的支持，使用也特别简单，使用@RestController 注解可以自动返回 JSON 格式的数据，同时使用@GetMapping、PostMapping 等注解可以实现映射 RESTful 接口。

3. @RestController 和@Controller 的区别

@Controller 和@RestController 这两个注解在 Spring 框架中都是用于定义控制器（Controller）的注解。可以说，@RestController 是@Controller 和@ResponseBody 的结合体，它综合了这两个注解的功能。尽管它们的用法大致相似，但它们之间还是存在一些差异，具体如下：

（1）@Controller 表示当前类是一个 Spring MVC Controller 处理器，而@RestController 仅负责返回数据。

（2）当使用@RestController 注解时，Controller 中的方法无法返回 Web 页面，配置的视图解析器 InternalResourceViewResolver 不会起作用，方法返回的内容即为 Return 中的数据。

（3）如果要返回指定页面，则应使用@Controller 注解，并配合视图解析器来返回页面和数据。若需要返回 JSON、XML 或自定义内容到页面，则在对应的方法上添加@ResponseBody 注解。

（4）在使用@Controller 注解时，视图解析器可以解析并跳转到返回的 JSP、HTML 页面。若要返回 JSON 等格式的内容，则需要在方法上添加@ResponseBody 注解。

（5）@RestController 注解相当于将@Controller 和@ResponseBody 两个注解结合起来，它能直接将返回的数据转换成 JSON 格式，无须在方法前再加@ResponseBody 注解。但是，使用@RestController 注解时不能返回 JSP、HTML 页面，因为视图解析器无法解析这些页面。

总的来说，如果希望构建一个能够处理视图渲染和页面跳转的传统 Web 应用控制器，则使用 @Controller；如果你要开发一个提供数据接口的 RESTful 服务，则使用 @RestController 更为方便。

3.3.2　@RequestMapping

@RequestMapping 注解主要负责 URL 的路由映射。它可以添加在 Controller 类或者具体的方法上，如果添加在 Controller 类上，则这个 Controller 中的所有路由映射都将会加上此映射规则，如果添加在方法上，则只对当前方法生效。

@RequestMapping 注解包含很多属性参数来定义 HTTP 的请求映射规则。常用的属性参数如下。

- value：请求 URL 的路径，支持 URL 模板、正则表达式。
- method：HTTP 请求的方法。
- consumes：允许的媒体类型，如 consumes="application/json"为 HTTP 的 Content-Type。
- produces：相应的媒体类型，如 produces="application/json"为 HTTP 的 Accept 字段。
- params：请求参数。
- headers：请求头的值。

以上属性基本涵盖一个 HTTP 请求的所有参数信息。其中，value 和 method 属性比较常用。

3.3.3　@ResponseBody

@ResponseBody 注解主要用于定义数据的返回格式，作用在方法上，默认使用 Jackson 序列化成 JSON 字符串后返回给客户端，如果是字符串，则直接返回。

在 Controller 中，有时需要返回 JSON 格式的数据，如果想直接返回数据体而不是视图名，则需要在方法上使用@ResponseBody。使用方式如下：

```
@Controller
@RequestMapping("/user")
public class UserController {
    @RequestMapping("/getUser")
    @ResponseBody
    public User getUser(){
```

```
        User u = new User();
        u.setName("weiz222");
        u.setAge(20);
        u.setPassword("weiz222");
        return u;
    }
}
```

在上面的示例中，请求/user/getUser 时，返回 JSON 格式的 User 数据。这与@RestController 的作用类似。

需要注意的是，使用@ResponseBody 注解时，需要关注请求的类型和地址。如果期望返回 JSON 格式的数据，但请求的 URL 以.html 结尾，就会导致 Spring Boot 认为请求的是 HTML 类型的资源，从而返回 JSON 类型的资源，这与期望类型不一致，因此报出如下错误：

```
There was an unexpected error (type=Not Acceptable, status=406). Could not find
acceptable representation
```

根据 RESTful 规范的建议，在 Spring Boot 应用中，如果期望返回 JSON 类型的资源，URL 请求资源后缀就使用.json；如果期望返回视图，URL 请求资源后缀就使用.html。

3.4 优雅的数据返回

本节将重点介绍实现前后端之间优雅的数据交互方法，包括统一处理正常数据和异常情况数据格式的方式，以及操作流程。目标是确保数据被处理并以统一格式返回。

3.4.1 为什么要统一返回值

在项目开发中，常常需要解决服务端与客户端之间的接口数据传输，或前后端分离的系统架构下的数据交互问题。如何确保数据的完整、清晰易懂是开发者面临的重要挑战。定义一个统一的数据返回格式有助于提高开发效率、降低沟通成本，并减少调用方的开发工作。目前，基于 JSON 格式的数据交互尤为流行。但是，单纯使用 JSON 格式并不足以解决所有问题，因为数据的具体内容仍需开发者设计和定义。无论是 HTTP 接口还是 RPC 接口，保持返回值格式的一致性都是极其重要的。

在项目中，我们通常会将响应封装成 JSON 格式，并统一所有接口的数据格式，以确保前端（iOS、Android、Web）对数据的操作一致且轻松。虽然统一返回数据格式没有固定规范，但关键在于能够清晰地描述返回数据的状态及其具体内容。一般而言，返回的数据格式包含以下三部分：状态码、消息提示语和具体数据。例如，系统要求返回的基本数据格式如下：

```json
{
  "code": 20000,
  "message": "成功",
  "data": {
    "items": [
      {
        "id": "1",
        "name": "weiz",
        "intro": "备注"
      }
    ]
  }
}
```

通过上面的示例可以看到，定义的返回值包含 4 个要素：响应结果、响应码、消息和返回数据。

3.4.2　统一数据返回

前面已经介绍了统一返回值的重要性以及如何实现统一的 JSON 数据返回。接下来，我们通过具体示例演示如何实现统一的 JSON 格式数据返回。

1. 定义标准数据格式

在定义返回值时，确保后台执行无论成功或失败，都应返回这些基本字段，避免出现其他字段。返回值的具体定义如下：

- Integer code：该字段在成功时返回 0，在失败时返回具体的错误码。
- String message：该字段在成功时返回 null，在失败时返回具体的错误消息。
- T data：该字段在成功时返回具体的数据值，在失败时则为 null。

根据上面的返回数据格式的定义，实际返回的数据模板如下：

```json
{
  "code": 20000,
  "message": "成功",
  "data": {
    "items": [
      {
        "id": "1",
        "name": "weiz",
        "intro": "备注"
      }
    ]
  }
}
```

```
}
```

2. 定义统一状态码

在系统开发与数据交互中，定义统一状态码意义重大，它能提供清晰的操作结果反馈，让服务端和客户端准确了解请求处理状态，减少结果判断的模糊性，从而提高开发效率，降低成本，增强系统维护与扩展能力。常规状态码的定义如表 3-1 所示。

表3-1　状态码说明

代　　码	类　　型	说　　明
200	通用状态码	处理成功
400	通用状态码	处理失败
401	通用状态码	token 未认证（签名错误）
404	通用状态码	接口不存在
500	通用状态码	服务器内部错误

以上定义的是通用状态码，其他业务相关的状态码需要根据实际业务定义。

3. 定义数据处理类

前面定义了返回数据的格式和处理结果的状态码，接下来定义通用的结果处理类。在使用时，可以根据实际情况进行处理。在本示例中，简单定义如下：

```
/**
 *
 * @Title: JSONResult.java
 * @Package com.weiz.utils
 * @Description: 自定义响应数据结构
 *            200: 表示成功
 *            500: 表示错误，错误信息在 msg 字段中
 *            501: bean 验证错误，无论多少个错误都以 map 形式返回
 *            502: 拦截器拦截到用户 token 出错
 *            555: 异常抛出信息
 * Copyright: Copyright (c) 2016
 *
 * @author weiz
 */
public class JSONResult {
    // 定义 jackson 对象
    private static final ObjectMapper MAPPER = new ObjectMapper();
    // 响应业务状态
    private Integer code;
    // 响应消息
    private String msg;
```

```java
// 响应中的数据
private Object data;

public static JSONResult build(Integer status, String msg, Object data) {
    return new JSONResult(status, msg, data);
}

public static JSONResult ok(Object data) {
    return new JSONResult(data);
}

public static JSONResult ok() {
    return new JSONResult(null);
}

public static JSONResult errorMsg(String msg) {
    return new JSONResult(500, msg, null);
}

public static JSONResult errorMap(Object data) {
    return new JSONResult(501, "error", data);
}

public static JSONResult errorTokenMsg(String msg) {
    return new JSONResult(502, msg, null);
}

public static JSONResult errorException(String msg) {
    return new JSONResult(555, msg, null);
}

public JSONResult() {

}

public JSONResult(Integer status, String msg, Object data) {
    this.status = status;
    this.msg = msg;
    this.data = data;
}

public JSONResult(Object data) {
    this.status = 200;
    this.msg = "OK";
    this.data = data;
}
```

```java
public Boolean isOK() {
    return this.status == 200;
}

/**
 *
 * @Description: 将json结果集转换为JSONResult对象
 *              需要转换的对象是一个类
 * @param jsonData
 * @param clazz
 * @return
 *
 * @author weiz
 */
public static JSONResult formatToPojo(String jsonData, Class<?> clazz) {
    try {
        if (clazz == null) {
            return MAPPER.readValue(jsonData, JSONResult.class);
        }
        JsonNode jsonNode = MAPPER.readTree(jsonData);
        JsonNode data = jsonNode.get("data");
        Object obj = null;
        if (clazz != null) {
            if (data.isObject()) {
                obj = MAPPER.readValue(data.traverse(), clazz);
            } else if (data.isTextual()) {
                obj = MAPPER.readValue(data.asText(), clazz);
            }
        }
        return build(jsonNode.get("status").intValue(),
jsonNode.get("msg").asText(), obj);
    } catch (Exception e) {
        return null;
    }
}

/**
 *
 * @Description: 没有object对象的转换
 * @param json
 * @return
 *
 * @author weiz
 */
public static JSONResult format(String json) {
    try {
        return MAPPER.readValue(json, JSONResult.class);
```

```
        } catch (Exception e) {
            e.printStackTrace();
        }
        return null;
    }

    /**
     *
     * @Description: Object 是集合转换
     *                需要转换的对象是一个 list
     * @param jsonData
     * @param clazz
     * @return
     *
     * @author weiz
     */
    public static JSONResult formatToList(String jsonData, Class<?> clazz) {
        try {
            JsonNode jsonNode = MAPPER.readTree(jsonData);
            JsonNode data = jsonNode.get("data");
            Object obj = null;
            if (data.isArray() && data.size() > 0) {
                obj = MAPPER.readValue(data.traverse(),
                    MAPPER.getTypeFactory().constructCollectionType
(List.class, clazz));
            }
            return build(jsonNode.get("status").intValue(),
jsonNode.get("msg").asText(), obj);
        } catch (Exception e) {
            return null;
        }
    }

    public String getOk() {
        return ok;
    }

    public void setOk(String ok) {
        this.ok = ok;
    }

}
```

　　上述代码定义了一个数据返回处理类，其中定义了响应数据的结构。所有接口的数据返回都通过这个类统一处理。接收这类数据后，需要使用该类提供的方法将其转换成对应的数据类型格式，如类或列表。

4. 处理数据返回

定义了数据处理类之后，在控制器中应该统一为返回的数据加上数据处理。调用方法如下：

```
@RequestMapping("/getUser")
public JSONResult getUserJson(){
    User u = new User();
    u.setName("weiz222");
    u.setAge(20);
    u.setBirthday(new Date());
    u.setPassword("weiz222");
    return JSONResult.ok(u);
}
```

5. 测试

启动项目，浏览器中访问 http://localhost:8080/user/getUser，返回的页面数据如下：

```
{
    "code": 200,
    "msg": "OK",
    "data": {
        "name": "weiz222",
        "age": 20,
        "birthday": "2020-12-21 06:57:13"
    }
}
```

在正常的情况下，返回的结果数据能够按照我们预期的结果格式进行返回。

3.4.3 全局异常处理

在项目开发的过程中难免会遇到异常情况。那么，如何处理这些异常情况并确保程序在出现异常时也能正确地返回数据？我们总不能为所有的方法都加上 try catch 吧？接下来介绍 Spring Boot 如何进行全局异常处理，以及如何在捕获异常后按照统一格式返回数据。

1. 全局异常处理的实现方式

Spring Boot 框架提供了多种异常处理方式，按照作用范围可划分为全局异常捕获处理和局部异常捕获处理。接下来，我们将介绍三种常用的异常处理解决方案。

1）使用@ExceptionHandler 处理局部异常

在控制器中，可以通过加入@ExceptionHandler 注解的方法来实现异常的处理。这种方式虽然容易实现，但只能处理同一控制器内的异常，无法处理其他控制器的异常，因此并不推荐使用。

2）配置 SimpleMappingExceptionResolver 类来处理异常

通过配置 SimpleMappingExceptionResolver 类可以实现全局异常的处理，但这种方式不能针对特定的异常进行特殊处理，所有的异常都会按照统一的方式处理。

3）使用 @ControllerAdvice 注解处理全局异常

结合 @ControllerAdvice 和 @ExceptionHandler 注解可以实现全局异常处理。其中，@ControllerAdvice 用于定义全局异常处理类，而 @ExceptionHandler 用于指定自定义错误处理方法拦截的异常类型。这种方式不仅能够实现全局异常捕获，还能针对特定的异常进行特殊处理。

以上 3 种解决方案都能够实现全局异常处理，但推荐使用 @ControllerAdvice 注解方式处理全局异常，因为它能够针对不同的异常分别进行处理。

2. 使用 @ControllerAdvice 注解实现全局异常处理

下面通过示例演示使用 @ControllerAdvice 注解实现全局统一异常处理。

定义一个自定义的异常处理类 GlobalExceptionHandler，示例代码如下：

```java
@ControllerAdvice
public class GlobalExceptionHandler {

    public static final String ERROR_VIEW = "error";

    Logger logger = LoggerFactory.getLogger(getClass());

    @ExceptionHandler(value = {Exception.class })
    public Object errorHandler(HttpServletRequest reqest,
        HttpServletResponse response, Exception e) throws Exception {
        // 记录日志
        logger.error(ExceptionUtils.getMessage(e));
    // 是否为 Ajax 请求
    if (isAjax(reqest)) {
        return JSONResult.errorException(e.getMessage());
    } else {
        ModelAndView mav = new ModelAndView();
        mav.addObject("exception", e);
        mav.addObject("url", reqest.getRequestURL());
        mav.setViewName(ERROR_VIEW);
        return mav;
    }
    }

    /**
```

```
     *
     * @Title: GlobalExceptionHandler.java
     * @Package com.weiz.exception
     * @Description: 判断是否为 Ajax 请求
     *
     * @author weiz
     */
    public static boolean isAjax(HttpServletRequest httpRequest){
        return (httpRequest.getHeader("X-Requested-With") != null
                && "XMLHttpRequest"
.equals( httpRequest.getHeader("X-Requested-With")) );
    }
}
```

上面的示例用于处理全部 Exception 的异常，如果需要处理其他异常，例如 NullPointerException 异常，则只需要在 GlobalException 类中使用 @ExceptionHandler(value = {NullPointerException.class}) 注解重新定义一个异常处理的方法即可。

启动项目，在浏览器中输入 http://localhost:8088/err/error，结果如图 3-6 所示。

发生错误：

http://localhost:8088/err/error
/ by zero

图 3-6 统一异常处理页面

处理异常之后，页面自动调整到统一的错误页面，如果是 Ajax 请求出错，则会按照定义的 JSON 数据格式统一返回数据。

3.5 系统配置文件

本节将介绍 Spring Boot 的系统配置文件，包括 application.properties 和 application.yml 配置文件的使用方法。我们还将探讨 YML 和 Properties 配置文件之间的区别，并在最后介绍如何更改 Spring Boot 的启动图案。

3.5.1 application.properties

Spring Boot 支持两种不同格式的配置文件：一种是 Properties；另一种是 YML。Spring Boot 默认使用 application.properties 作为系统配置文件，项目创建成功后，默认在 resources

目录下生成 application.properties 文件。该文件包含 Spring Boot 项目的全局配置。我们可以在 application.properties 文件中配置 Spring Boot 支持的所有配置项，比如端口号、数据库连接、日志、启动图案等。接下来将介绍在 Spring Boot 项目开发过程中与配置相关的知识。

1. 基本语法

Spring Boot 项目创建成功后，默认在 resources 目录下生成 application.properties 文件。其使用也非常简单，配置格式如下：

```
#服务器端口配置
server.port=8081
```

在上面的示例中配置了应用的启动端口。如果不配置此项，则默认使用 8080 端口；如果需要使用其他端口，则可以通过 server.port=8081 修改系统启动端口。

此外，Properties 文件中的配置项可以是无序的，但是为了保证配置文件清晰易读，建议把相关的配置项放在一起，比如：

```
#thymeleaf 模板
spring.thymeleaf.prefix=classpath:/templates/
spring.thymeleaf.suffix=.html
spring.thymeleaf.mode=HTML
spring.thymeleaf.encoding=UTF-8
spring.thymeleaf.servlet.content-type=text/html
```

以上示例将 Thymeleaf 模板相关的配置放在一起，这样看起来清晰明了，从而便于快速找到 Thymeleaf 的所有配置。

2. 配置文件加载顺序

Spring Boot 项目的配置文件默认存放在 resources 目录中。实际上，Spring Boot 系统启动时会读取 4 个不同路径下的配置文件：

（1）项目根目录下的 config 目录。

（2）项目根目录。

（3）classpath 下的 config 目录。

（4）classpath 目录。

Spring Boot 会从这 4 个位置全部加载主配置文件，这 4 个位置中的 application.properties 文件的优先级按照上面列出的顺序依次降低。如果同一个属性同时出现在这 4 个文件中，则以优先级高的文件为准。

3. 修改默认配置文件名

可能有读者会问，项目的配置文件必须命名为 application.properties 吗？当然不是，我们可以通过修改项目启动类，调用 SpringApplicationBuilder 类的 properties()方法来实现自定义配置文件名称。示例代码如下：

```
new SpringApplicationBuilder(ApplicationDemo.class)
        .properties("spring.config.location=classpath:/
application.propertie").run(args);
```

在上面的示例中，Spring Boot 项目启动加载时默认读取更改名称的配置文件，即可修改默认加载的 application.properties 文件名。

3.5.2 application.yml

application.yml 是一个以.yml 为后缀的配置文件，它使用 YAML（YAML Ain't a Markup Language）格式。与 XML 等标记语言相比，YMAL 的结构更清晰易读，因此更适合用作属性配置文件。

1. 基本语法

YAML 的基本语法是"键-值对"（key-value pair）形式，采用 key:（空格）value 的结构，冒号后必须存在一个空格。通过空格的缩进来控制属性的层级关系，只要是左对齐的一列数据，都属于同一个层级。具体格式如下：

```
#日志配置
logging:
  level:
    root: warn
  file:
    max-history: 30
    max-size: 10MB
    path: /var/log
```

在上面的示例中，自定义配置了系统的日志级别、文件路径等属性。可以看到，logging 下包含 level 和 file 两个子配置项。

YML 文件的格式虽然简洁直观，但对格式的要求较为严格。在使用 YML 配置文件时，需要注意以下几点：

（1）键和值中间必须有空格，例如 name: Weiz 是正确的格式，而使用 name:Weiz 则会导致错误。

（2）各属性之间的缩进和对齐需要保持一致。

（3）缩进时不允许使用 Tab，只能使用空格。

（4）属性和值是区分字母大小写的。

2. 数据类型

YML 文件以数据为中心，支持数组、JSON 对象、Map 等多种数据格式，因此更适合用作配置文件。

1）普通的值（数字、字符串、布尔值）

普通的数据通过 k: v 的键-值对形式直接编写，普通的值类型或字符串默认不用加单引号或双引号。

当然，也可以使用双引号（" "）来转义字符串中的特殊字符。转义后，特殊字符将表示它自身的意思，例如：

```
name: "zhangsan \n lisi"
```

上面的示例会输出：

```
zhangsan
lisi
```

使用单引号（' '）不会转义特殊字符，所有字符都按照普通字符处理，作为字符串数据，例如：

```
name: 'zhangsan \n lisi'
```

上面的示例会输出：zhangsan \n lisi。"\n" 字符作为普通的字符串，而不转义为换行。

2）对象、Map（属性和值）

对象同样是以 k: v 的键-值对方式展现的，只是对象的各个属性和值的关系通过换行和缩进方式来编写。示例代码如下：

```
person:
    lastName: zhangsan
    age: 20
```

如果使用行内写法，可以将对象的属性和值写成 JSON 格式，具体写法如下：

```
person: {lastName: zhangsan,age: 20}
```

3）数组（List、Set）

数组是以 - value 的形式表示数组中的元素的，具体写法如下：

```
persons:
 - zhangsan
 - lisi
 - wangwu
```

还可以采用行内写法，数组使用中括号的形式，具体写法如下：

```
persons: [zhangsan, lisi, wangwu]
```

可以看到，YML 文件除支持基本的数据类型外，还支持对象、Map、JSON、数组等格式，这样可以在配置文件中直接定义想要的数据类型，无须额外转换。这也是程序员喜欢用 application.yml 的原因之一。

3.5.3 实战：自定义系统的启动图案

我们知道 Spring Boot 程序启动时，控制台会输出由一串字符组成的 Spring 符号的启动图案（Banner）以及版本信息，如图 3-7 所示。

图 3-7　Spring Boot 程序默认的后台启动界面

Spring Boot 自带的启动图案是否可以自定义呢？答案是肯定的。下面通过示例来演示如何自定义 Spring Boot 的启动图案。

步骤 **01** 在项目的 resources 目录下新建 banner.txt，示例代码如下：

```
${AnsiColor.BRIGHT_YELLOW}
##    ##########     ##        #######
##    ####   ##      ##      ##     ##
##    ####   ##      ##      ##     ##
################        ##      ##    ##
##    ####   ##      ##      ##     ##
##    ####   ##      ##      ##     ##
##    ####################### #######
${AnsiColor.BRIGHT_RED}
Application Name: ${application.title}
Application Version: ${application.formatted-version}
Spring Boot Version: ${spring-boot.formatted-version}
```

在上面的配置中，通过 ${} 获取 application.properties 配置文件中的相关配置信息，如 Spring Boot 版本、应用的版本、应用名称等信息。

- ${AnsiColor.BRIGHT_RED}：设置控制台中输出内容的颜色，可以自定义，具体参考 org.springframework.boot.ansi.AnsiColor。
- ${application.version}：用来获取 MANIFEST.MF 文件中的版本号，这就是在 Application .java 中指定 SpringVersion.class 的原因。

- ${application.formatted-version}：格式化后的{application.version}版本信息。
- ${spring-boot.version}：Spring Boot 的版本号。
- ${spring-boot.formatted-version}：格式化后的{spring-boot.version}版本信息。

步骤02 在 application.properties 中配置 banner.txt 的路径等信息。

```
#指定 Banner 配置文件的位置
spring.banner.location=/banner.txt
#是否显示横幅图案
#可选值有 3 个，一般不需要修改
#console:显示在控制台
#log:显示在文件
#off:不显示
#spring.main.banner-mode=console
application.version=1.0.0.0
application.formatted-version=v1.0.0.0
spring-boot.version=2.1.2.RELEASE
spring-boot.formatted-version=v2.1.2.RELEASE
application.title=My App
```

在上面的配置中，在 application 中设置了 banner.txt 文件的路径、应用的版本、Spring Boot 的版本等信息。

步骤03 启动项目，查看修改之后的启动横幅图案是否生效，如图 3-8 所示。

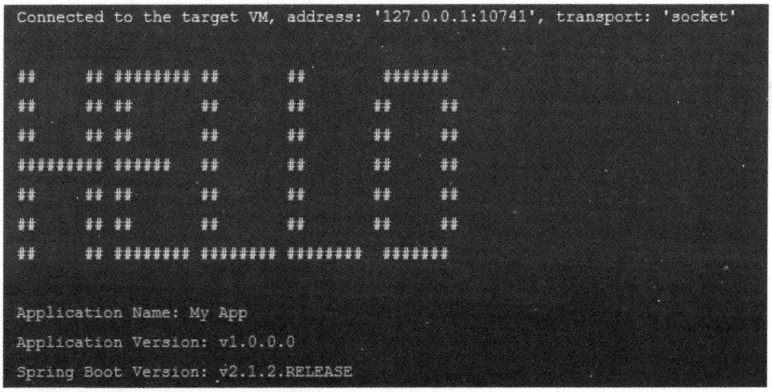

图 3-8　启动图案

通过系统输出的启动日志可以看到，系统的启动图案已经变成我们自定义的样式，也就是 Spring Boot 的默认启动图案已经更改成自定义的启动图案。

Spring Boot 也支持使用 GIF、JPG 和 PNG 格式的图片文件来定义横幅图案。当然，它并不会把图片直接输出到控制台上，而是将图片中的像素解析并转换成 ASCII 编码字符之后再输出到控制台上。

3.6　实战：实现系统多环境配置

在实际的项目开发过程中，经常需要面对不同的运行环境，包括开发环境、测试环境和生产环境等。每个运行环境的数据库、Redis 服务器等配置都不相同，每次发布测试、更新生产都需要手动修改相关系统配置。这种方式特别麻烦，费时费力，而且出错的概率极大。幸运的是，Spring Boot 提供了一种更为简便的配置解决方案来应对多环境配置的挑战。本节将演示如何在 Spring Boot 系统中实现多环境配置。

3.6.1　多环境配置

通常应用系统需要在开发环境（dev）、测试环境（test）和生产环境（prod）中运行，那么如何做到多个运行环境配置灵活、快速切换呢？Spring Boot 提供了一种简洁而高效的解决方案，只需要进行简单的配置，应用系统就能灵活地切换不同的运行环境配置。

1. 创建多环境配置文件

创建多环境配置文件时，需要遵循 Spring Boot 允许的命名约定来命名，格式为 application-{profile}.properties，其中{profile}为对应的环境标识。在项目 resources 目录下分别创建 application-dev.properties、application-test.properties 和 application-prod.properties 三个配置文件，对应开发环境、测试环境和生产环境，如图 3-9 所示。

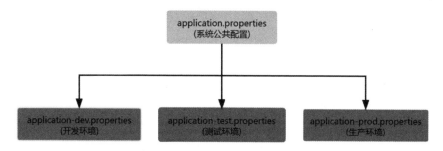

图 3-9　Spring Boot 各系统环境配置文件

可以看到，应用系统中常见的三个运行环境被拆分为多个不同的配置文件，每个文件独立地配置了对应运行环境的设置项。具体配置文件如下：

● application.properties 为项目主配置文件，包含项目所需的所有公共配置。

- application-dev.properties 为开发环境配置文件，包含项目所需的单独配置。
- application-test.properties 为测试环境配置文件。
- application-prod.properties 为生产环境配置文件。

2. 修改配置文件

在大多数情况下，开发环境、测试环境和生产环境使用的数据库是不一样的。接下来以不同环境配置不同数据库为例来演示多环境的配置。

首先，修改 application.properties，配置系统的启动端口：

```
#服务器端口配置
server.port=8088
```

在上面的示例中，application.properties 包含项目所需的所有公共配置，这里配置系统的启动端口，所有环境的启动端口都是 8088。

然后，修改 application-dev.properties 开发环境的配置，增加数据库的连接配置，示例代码如下：

```
#指定数据库驱动
spring.datasource.driver-class-name=com.mysql.jdbc.Driver
#数据库 jdbc 连接 url 地址
spring.datasource.url=jdbc:mysql://127.0.0.1:3306/myapp_dev
#数据库账号
spring.datasource.username=root
spring.datasource.password=root
```

通过上述配置，我们为开发环境指定了名为 myapp_dev 的数据库。对于测试环境与生产环境，我们仅需依照类似方式对各自的配置文件进行修改，便可连接到相应的数据库。

完成以上配置后，项目的多环境配置便得以完成。接下来，将展示如何根据需求切换项目运行的环境。

3.6.2　系统环境切换

前面讲了如何配置多环境，那么，在实际测试和运行过程中如何切换系统运行环境呢？这个过程实际上非常简单，通过修改 application.properties 配置文件中的 spring.profiles.active 配置项即可激活相应的运行环境。如果没有指定任何 profile 的配置文件，Spring Boot 默认会启动 application-default.properties（默认环境）。

指定项目的启动环境有以下 3 种方式。

1. 配置文件指定项目启动环境

Spring Boot 支持通过 spring.profiles.active 配置项目启动环境，在 application.properties

配置文件中增加如下配置项指定对应的环境目录：

```
#系统运行环境
spring.profiles.active=dev
```

在上面的示例中，通过在 application.properties 配置文件中设置 spring.profiles.active 的配置项来配置系统的运行环境。这里配置的是 dev 开发环境。

2. IDEA 编译器指定项目启动环境

一般在 IDEA 启动时，直接在 IDEA 的 Run/debug Configuration 页面配置项目启动环境，如图 3-10 所示。

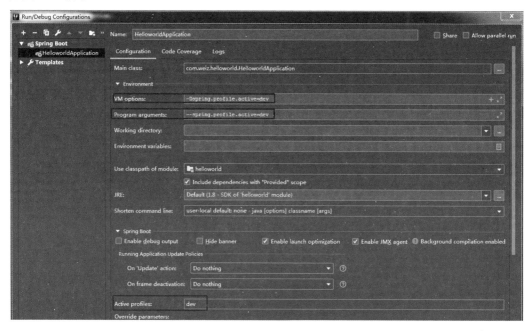

图 3-10　IDEA 编译器指定项目启动环境

可以看到，项目调试运行时，IDEA 编译器可以通过 VM options、Program arguments、Active profiles 三个参数设置启动方式。

3. 命令行指定项目启动环境

在命令行通过 java -jar 命令启动项目时，可以通过--spring.profiles.active=dev 指定应用程序以开发环境（dev），具体命令如下所示：

```
java -jar xxx.jar --spring.profiles.active=dev
```

启动项目时，在系统启动日志中可以看到加载的是哪个环境的配置文件，如图 3-11 所示。

```
main] com.weiz.SpringBootStarterApplication      : Starting SpringBootStarterApplication on zkhb-PC

main] com.weiz.SpringBootStarterApplication      : The following profiles are active: dev
main] o.s.b.w.embedded.tomcat.TomcatWebServer    : Tomcat initialized with port(s): 8088 (http)
main] o.apache.catalina.core.StandardService     : Starting service [Tomcat]
```

图 3-11　在 Spring Boot 项目启动日志中可以看到加载的是哪个环境的配置文件

通过上面的启动日志，可以确认系统目前是以 dev 环境启动的。说明系统的多环境配置成功。

3.7　本章小结

本章首先深入探讨了 Spring Boot 的基本概念和核心特性，详细阐述了如何利用 Spring Boot 来构建 Web 应用。接着，学习了如何实现数据的统一返回和异常处理机制，并深入分析了 Spring Boot 的系统配置文件。最后，从实际应用的角度出发，详细介绍了如何在系统中实现多环境配置。

通过本章的学习，读者应已掌握使用 Spring Boot 开发应用系统所需的基本技能。现在，你应该能够独立地从零开始搭建一个完整的应用系统，并具备进一步深化这些技能的基础知识。

3.8　本章练习

（1）使用 IDEA 开发工具手动创建一个 Spring Boot 项目。在项目中定义一个控制器（Controller），用于模拟数据的增、删、改、查操作。

（2）通过拦截器实现全局系统性能监控日志。

第4章

Eureka 注册中心

本章将详细介绍微服务架构中服务注册与发现的核心组件 Eureka。内容涵盖了 Eureka 的基本概念和架构、安装和配置、服务注册和发现、高可用性和负载均衡等方面。通过学习本章，读者将了解 Eureka 的工作原理和使用方法，并掌握在微服务架构中实现服务注册与发现的技术。

4.1　Eureka 简介

本节将介绍微服务中最重要的组件之一——注册中心。注册中心是整个微服务架构的核心组成部分，Spring Cloud 提供了一个强大的服务注册中心组件 Eureka。接下来，我们将探讨注册中心的概念以及 Eureka 的核心原理和使用方法。

4.1.1　什么是注册中心

注册中心是微服务架构中的一个关键组件，它是一个集中式的存储库，用于保存微服务实例的相关信息，包括服务名称、服务实例的网络地址（如 IP 地址和端口号）、服务版本、服务状态等。

注册中心充当了服务提供者和服务消费者之间的中介，服务提供者在启动或运行时将其自身的信息注册到注册中心，服务消费者则从注册中心获取可用的服务实例信息，从而实现服务的发现和调用。

通过注册中心，微服务架构能够实现服务的动态管理、灵活扩展和高效通信，提高了系统的弹性、可维护性和可用性。

　　在微服务架构中，通常存在服务提供者、注册中心和服务消费者三个基本角色，结构如图 4-1 所示。

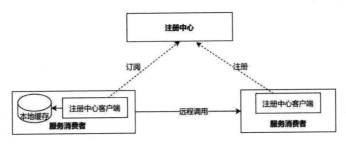

图 4-1　Eureka 注册中心架构图

- 服务提供者：负责将自身服务的相关信息，如服务名称、服务地址（IP 和端口）、服务版本、服务健康状态等，注册到注册中心，并持续向注册中心发送心跳信息以表明自身的可用性。
- 注册中心：作为服务信息的存储和管理中心，接收并存储服务提供者注册的信息。对服务提供者的心跳进行监测，以确定服务的可用性，并及时清理不可用的服务实例信息。响应服务消费者的查询请求，提供可用的服务实例列表。
- 服务消费者：从注册中心获取所需服务的实例信息。根据一定的策略（如负载均衡策略）选择合适的服务实例进行调用。处理服务调用过程中的异常情况，如所选服务实例不可用，重新从注册中心获取新的可用实例。

4.1.2　为什么需要注册中心

　　随着互联网的演进，应用系统的规模持续扩张，常规的垂直应用架构已难以应对当前的需求，分布式微服务架构的推行势在必行。从常规应用架构向微服务架构转变的过程中，会产生以下几个问题。

　　（1）动态服务管理：在微服务架构中，服务实例的数量和状态经常动态发生变化。服务注册中心能够集中管理这些动态信息，使得服务的上线、下线、扩缩容等操作能够被及时感知和处理。

　　（2）服务发现效率：没有注册中心，服务消费者需要通过复杂的方式来查找服务提供者的位置和信息，效率低下且容易出错。注册中心提供了一个集中的、快速可查的服务信息库，大大提高了服务发现的效率。

　　（3）解耦服务提供者和消费者：服务提供者无须直接向每个消费者告知自身的变化，

消费者也不必事先硬编码服务提供者的信息。通过注册中心，两者实现了解耦，使得系统更具灵活性和可维护性。

（4）负载均衡支持：注册中心可以提供服务实例的列表，服务消费者基于此结合负载均衡策略选择合适的实例进行调用，有助于实现更均匀的资源利用和性能优化。

（5）故障容错：当某个服务实例出现故障时，注册中心能够及时将其标记为不可用，服务消费者就不会调用故障实例，从而提高系统的容错能力。

（6）统一管理和监控：注册中心集中了服务的相关信息，便于进行统一的管理、监控和统计，有助于及时发现和解决系统中的问题。

以上问题促使了注册中心的诞生。需要有一个能够实现动态注册和获取服务信息的组件，用于统一管理服务名称及其对应的服务器列表信息（即服务配置中心）。

4.1.3　什么是 Eureka

Eureka 是 Netflix 开源的微服务框架中的服务注册与发现框架，它负责定位服务实例的位置和状态信息。除此之外，Eureka 还具备负载均衡和故障转移的能力。作为 Netflix 开源的服务发现与治理框架，Eureka 在实际应用中展现出了极高的可用性。

Eureka 的优势如下：

- 高可用性，Eureka 采用了分布式架构，多个 Eureka 服务器节点可以共同工作，即使部分节点出现故障，也不会影响整个系统的服务注册与发现功能。
- 灵活性，Eureka 支持多种服务注册和发现的方式，可以根据实际需求进行灵活配置。同时，Eureka 也支持自定义的健康检查机制，以适应不同的业务场景。
- 易于集成，Eureka 与 Spring Cloud 等微服务框架紧密集成，使用起来非常方便。同时，Eureka 也提供了丰富的 API，方便开发者进行二次开发和定制。

通过 Eureka，微服务架构中的服务能够自动感知彼此的存在和状态，无须手动配置服务的地址信息，大大提高了系统的灵活性和可扩展性。

Spring Cloud 对 Netflix Eureka 进行了封装和扩展，使其在 Spring Cloud 生态系统中更易于使用，进而成为 Spring Cloud 框架中重要的服务发现组件，并被广泛应用于各种微服务架构项目中。

4.1.4　Eureka 的架构原理

1. Eureka 的组件架构

Eureka 最核心的作用是服务的组成和发现，那么它是如何实现这么复杂的功能的呢？我们先来看看 Eureka 的架构图，如图 4-2 所示。

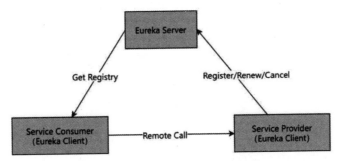

图 4-2　Eureka 注册中心架构图

Eureka 采用了客户端/服务器（C/S）的设计架构，它由两个核心组件构成：Eureka Server 和 Eureka Client。

● Eureka Server 充当服务注册中心的角色。

● Eureka Client 则是微服务架构中的客户端，包括服务消费者（Service Consumer）和 微服务提供者（Service Provider）。注意：Service Consumer 也被称为 Application Consumer，而 Service Provider 也被称为 Application Provider。

2. Eureka 的核心概念

除两个核心组件外，还有以下几个核心概念。

● Register（服务注册）：服务实例将自己的 IP 地址和端口号注册到 Eureka Server 上， 以便其他服务能够发现并与之通信。

● Renew（服务续约）：服务实例定期（默认每 30 秒一次）向 Eureka Server 发送心 跳包，表明自己的存活状态。

● Cancel（服务下线）：当服务提供者(Service Provider)关闭时，它向 Eureka Server 发送取消注册的请求，从而从服务列表中移除自己，防止服务消费者调用不存在的 服务。

● Get Registry（获取服务注册列表）：服务消费者可以请求 Eureka Server 获取当前 所有可用的服务实例列表。

● Remote Call（远程调用）：服务消费者使用从 Eureka Server 获取的服务列表信息， 进行远程调用以访问其他服务。

3. Eureka 的工作流程

Eureka 最核心的功能就是实现服务的注册与发现。当一个微服务启动时，它会向 Eureka

服务器注册自己的信息，包括服务名称、实例 ID、IP 地址、端口、健康检查 URL 等。其他服务或客户端需要调用某个服务时，就向 Eureka 服务器查询该服务的实例信息，然后根据一定的策略选择合适的实例进行通信。Eureka 的工作流程如图 4-3 所示。

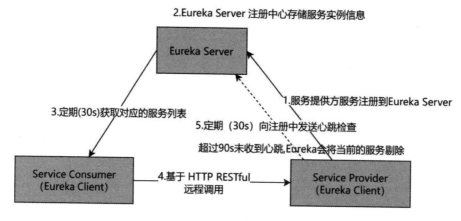

图 4-3　Eureka 的工作流程

（1）微服务 Service Provider 在启动时，会向 Eureka Server 注册中心进行服务注册（Register），并每隔 30 秒向 Eureka Server 发送心跳（Renew），以此来续约其在 Eureka 中的注册信息，保持"租期"有效。

（2）Eureka Server 收到并存储服务实例信息，同时，如果在规定的时间内（默认 90 秒）未收到某个微服务实例的心跳，将会自动注销该服务实例，以确保服务注册表的准确性。

（3）微服务 Service Consumer 获取（Get Registry）Eureka Server 的服务注册表信息，并将其缓存。这样做的好处是，微服务在进行服务调用时不必每次都查询 Eureka Server，减轻了服务器的负担。同时，即使 Eureka Server 的所有节点暂时不可用，服务消费者仍然可以依赖缓存的信息来定位服务提供者，完成服务调用。

（4）微服务 Service Consumer 在服务注册表信息中找到对应的 Service Provider 服务实例发送远程调用请求。

4.1.5　Eureka 还是 ZooKeeper

在构建现代分布式系统时，服务注册与发现是至关重要的环节。Eureka 和 ZooKeeper 是两个常用于实现这一功能的技术框架，但它们在设计理念、功能特性和适用场景上存在显著差异。接下来将对 Eureka 和 ZooKeeper 进行详细对比，从而做出更合适的技术选型。

要理解这两种注册中心组件的区别和联系，首先需要了解分布式系统的核心概念之一：CAP 原则。

1. 什么是 CAP 原则

CAP 原则指出，在分布式系统中，一致性（Consistency）、可用性（Availability）和分区容错性（Partition tolerance）不能同时满足，通常需要在这三者之间做出权衡，如图 4-4 所示。

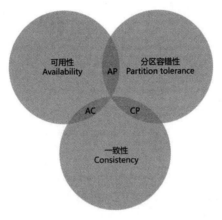

图 4-4　CAP 原则定理示意图

CAP 原则是由 Eric Brewer 在 2000 年 PODC 会议上提出的，并在两年后得到证明，成为我们熟知的 CAP 原则。

- C（Consistency）：数据一致性，也叫作数据原子性，指系统在执行操作后保持一致性的状态。在分布式系统中，如果所有用户在更新操作后都能读取到最新的数据值，该系统就被认为是强一致性的，即所有节点都能访问同一份最新的数据副本。
- A（Availability）：服务可用性，指系统能够在有限的时间内完成操作并返回结果，无论结果是成功还是失败。这里的"有限的时间"指的是在可接受的范围内。
- P（Partition-tolerance）：分区容错性，指在网络分区发生时，被分隔的节点仍能继续提供服务。在分布式集群中，即使数据分布在不同的服务器上，服务器也应能正常响应访问请求。

根据 CAP 原则，分布式系统设计者需要在这三个特性中做出选择，因为它们不可能同时被完全满足：

- 如果选择 CA 而牺牲 P，可以通过将所有事务相关数据存储在单一机器上来避免分区容错性问题，但这会严重影响系统的扩展性。
- 如果选择 CP 而牺牲 A，在遇到分区容错故障时，受影响的服务在等待期间将不可用。

- 如果选择 AP 而牺牲 C，系统将放弃强一致性，转而采用最终一致性，这意味着系统可能会暂时返回过时的数据，但最终会达到一致的状态。以网络购物为例，对只剩下一件库存的商品，如果同时接受了两个订单，那么较晚的订单将被告知商品售罄。

2. 什么是 ZooKeeper

ZooKeeper 是一个分布式的开源协调服务，主要用于分布式系统中的配置管理、分布式锁、集群管理和领导者选举等场景。它提供了简单的数据结构和 API，方便开发者实现各种分布式协调任务。

ZooKeeper 的核心原理包括以下几个方面。

- 数据模型：ZooKeeper 的数据模型类似于文件系统的目录结构，由节点（Znode）组成，节点可以存储数据并具有属性。节点分为持久节点、临时节点等类型。
- 分布式一致性：通过 ZAB（ZooKeeper Atomic Broadcast）协议来保证分布式环境下数据的一致性。ZAB 协议确保了所有的更新操作能够以原子的方式广播到各个节点。
- Watcher 机制：客户端可以在节点上设置 Watcher（观察器），当节点的数据发生变化或子节点发生变化时，ZooKeeper 会主动通知设置了 Watcher 的客户端，从而实现分布式的事件通知机制。
- 会话（Session）：客户端与 ZooKeeper 服务器建立的连接称为会话。会话具有超时时间，如果在超时时间内没有与服务器进行通信，会话将会失效。
- 集群架构：ZooKeeper 通常以集群的方式部署，由多个服务器组成。集群中的节点分为领导者（Leader）、跟随者（Follower）和观察者（Observer）。领导者负责处理事务请求和协调集群状态，跟随者接收领导者的指令并向客户端提供服务，观察者不参与投票，只同步领导者的状态。
- 顺序性：ZooKeeper 为每个更新操作分配一个全局唯一的递增事务 ID（zxid），保证了操作的顺序性。

总体来说，ZooKeeper 基于其独特的数据模型、一致性协议、Watcher 机制等核心原理，为分布式系统提供了可靠的协调服务。

3. Eureka 和 ZooKeeper 的对比

在了解了 CAP 定理和 ZooKeeper 之后，接下来从设计理念和功能特性等方面对比 Eureka 和 ZooKeeper 之间的异同。

1）设计理念

Eureka 是 Netflix 开发的服务发现框架，其设计重点在于提供高可用性和高容错性的服务注册与发现功能。它采用了最终一致性模型，优先保证服务的可用性，即使在网络分区等极端情况下，也能尽量保证服务的正常发现和调用。

ZooKeeper 则是一个通用的分布式协调服务，旨在为分布式应用提供一致性、可靠性和高性能的协调功能。它采用强一致性模型，确保数据在所有节点上的一致性，但在某些情况下可能会对性能和可用性产生一定影响。

2）功能特性对比

接下来我们对比一下 Eureka 与 ZooKeeper 的区别，如表 4-1 所示。

表4-1　Eureka与ZooKeeper的区别

对比维度	Eureka	ZooKeeper
设计目标	提供具有高可用性和容错性的服务注册与发现功能	为分布式应用提供一致性、可靠性和高性能的协调功能
服务注册与发现	提供简单直观的接口，服务实例轻松注册和发现	本身并非专门为此设计，实现相对复杂
自我保护机制	有，网络不稳定时不轻易剔除服务实例	无，服务实例心跳超时会立即删除
数据一致性	AP，采用最终一致性模型，允许短时间数据不一致	CP，采用强一致性模型，任何时刻数据完全一致
客户端缓存	客户端会缓存服务实例信息	客户端通常不缓存数据
适用场景	对服务可用性要求高，能容忍一定的数据不一致	对数据一致性要求严格，需要复杂的协调功能

综上所述，Eureka 和 ZooKeeper 都是优秀的分布式技术框架，但在服务注册与服务发现领域，它们的特点和适用场景有所不同。在进行技术选型时，需要应充分考虑业务需求、开发运维复杂度、性能扩展性等因素。如果你的系统更侧重于高可用性和容错性，且对数据一致性的要求相对宽松，那么 Eureka 可能是更合适的选择；如果你需要严格的数据一致性和复杂的协调功能，并且具备相应的技术能力和运维经验，那么 ZooKeeper 可能更能满足你的需求。

4.2　搭建 Eureka 注册中心

在深入探讨了注册中心的基本概念、注册中心的必要性及其功能作用，以及 Spring Cloud 框架中提供的服务注册中心组件 Eureka。本节将着手开发第一个项目，通过动手实践来加深理解。在实践过程中，我们将边学习边应用，逐步深入地领悟注册中心的核心原理以及 Eureka

的具体应用。

4.2.1 搭建 Eureka 注册中心

接下来，通过示例演示如何搭建 Eureka 注册中心的环境。在开始之前，需要说明 Spring Boot 和 Spring Cloud 使用的版本信息。

- Spring Boot：2.3.7.RELEASE。
- Spring Cloud：Hoxton.SR5。

手动创建父工程 0401-spring-cloud-eureka-server 后，引入 Spring Boot 和 Spring Cloud 等组件。

步骤 01 创建 Spring Boot 项目。

在前面创建的父工程 0401-spring-cloud-eureka-server 中创建 Eureka Server 服务端模块：springcloud-eureka-server，作为 EurekaServer 服务注册中心，如图 4-5 所示。

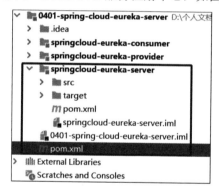

图 4-5　springcloud-eureka-server 项目预览

步骤 02 添加依赖。

修改项目中的 pom.xml 文件，添加 spring-cloud-starter-netflix-eureka-server 等依赖。示例代码如下：

```
<dependencies>
    <dependency>
        <groupId>org.springframework.boot</groupId>
        <artifactId>spring-boot-starter-web</artifactId>
    </dependency>
    <dependency>
        <groupId>org.springframework.cloud</groupId>
```

```
<artifactId>spring-cloud-starter-netflix-eureka-server</artifactId>
        </dependency>
</dependencies>
```

步骤 03 修改启动类。

修改 EurekaServerApplication.java 启动类，使用@EnableEurekaServer 注解创建 Eureka 服务注册中心。示例代码如下：

```
@SpringBootApplication
@EnableEurekaServer
public class EurekaServerApplication {
    public static void main(String[] args) {
            SpringApplication.run(EurekaServerApplication.class, args
        );
    }
}
```

步骤 04 修改系统配置。

修改 application.properties 配置文件，增加 Eureka 相关配置，主要进行 Eureka 的服务端口、服务名等配置。示例代码如下：

```
spring.application.name=eureka-server
server.port=8761
```

步骤 05 验证测试。

配置完 Eureka Server 服务之后，接下来验证服务是否正常可用。启动项目，通过浏览器访问 http://localhost:8761，如果浏览器正常显示 Eureka-Server 服务管理平台（见图 4-6），则说明 Eureka Server 服务注册中心搭建成功。

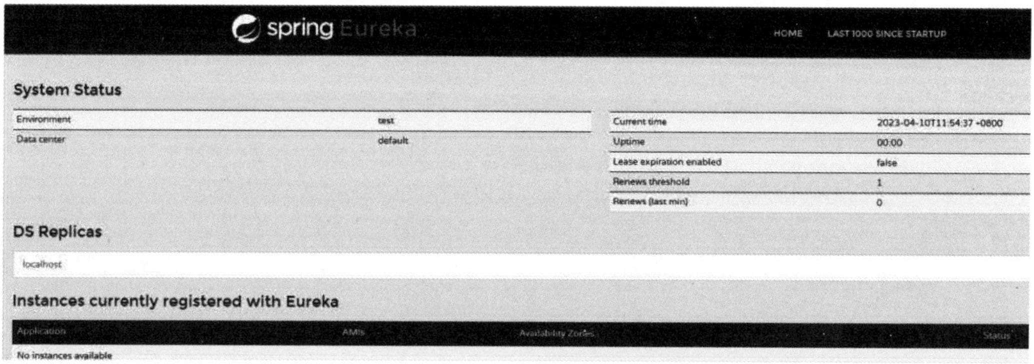

图 4-6　Eureka-Server 服务管理平台

4.2.2 构建服务提供者

我们已经成功搭建了 Eureka 服务注册中心的环境。当前，在 Eureka 的后台管理界面上，注册的服务列表为空，这表明目前还没有客户端服务完成注册。为了进一步演示 Eureka 的功能，接下来创建一个服务提供者（Service Provider），并将它注册到 Eureka 服务注册中心。

步骤01 创建 Spring Boot 项目。

在前面创建的父工程 0401-spring-cloud-eureka-server 中创建 Eureka Client 客户端模块：springcloud-service-provider，作为服务提供方，如图 4-7 所示。

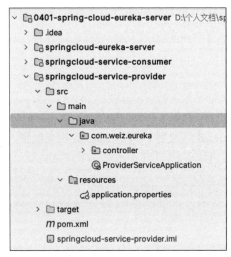

图 4-7　springcloud-service-provider 项目预览

步骤02 添加依赖。

修改项目中的 pom.xml 文件，添加 spring-cloud-starter-netflix-eureka-client 等依赖，示例代码如下：

```xml
<dependencies>
    <dependency>
        <groupId>org.springframework.boot</groupId>
        <artifactId>spring-boot-starter-web</artifactId>
    </dependency>
    <dependency>
        <groupId>org.springframework.cloud</groupId>
        <artifactId>spring-cloud-starter-netflix-eureka-client</artifactId>
    </dependency>
</dependencies>
```

步骤 03 修改启动类。

修改 ProviderServiceApplication.java 启动类，使用 @EnableEurekaClient 注解打开 Eureka Client 客户端。示例代码如下：

```
@SpringBootApplication
@EnableEurekaClient
public class ProviderServiceApplication {
    public static void main(String[] args) {
            SpringApplication.run(ProviderServiceApplication.class, args
        );
    }
}
```

步骤 04 修改系统配置。

修改 application.properties 全局配置文件，设置 Eureka 注册中心的地址以及服务提供者 Provider 的服务名等配置。示例代码如下：

```
spring.application.name=service-provider
server.port=8080
#设置服务注册中心地址
eureka.client.service-url.defaultZone=http://localhost:8761/eureka
```

步骤 05 创建服务接口。

服务提供者，顾名思义，就是提供服务的一方。以获取用户列表信息为例，创建一个获取用户列表信息的接口。创建 UserController 类并添加 getUserList 接口。示例代码如下：

```
@RestController
public class UserController {

    @RequestMapping("/getUserList")
    public String getUserList(){
        return "服务提供者 getUserList 成功";
    }
}
```

步骤 06 验证测试。

成功创建服务提供者 springcloud-service-provider 后，接下来验证此服务是否能注册到 Eureka 服务注册中心。

首先启动注册中心 eureka-server，再启动服务提供者 eureka-provider，两个模块启动成功后，通过浏览器访问 http://localhost:8761，在 Eureka 服务管理页面可以看到刚启动的 SERVICE-PROVIDER 服务，如图 4-8 所示。这说明服务提供者 eureka-provider 已经成功注册到 eureka-server 注册中心。

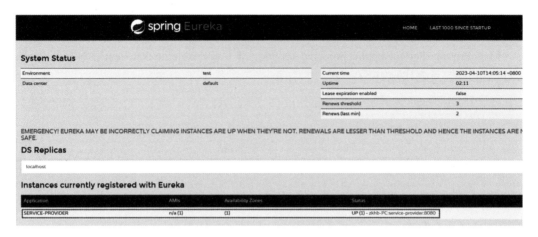

图 4-8　Eureka 服务管理页面

需要注意的是，必须先启动 eureka-server 注册中心，再启动服务提供者 eureka-provider，否则会启动失败。

4.2.3　构建服务消费者

构建完服务提供者，接下来开始构建服务消费者，调用服务提供者 eureka-provider 的获取人员列表接口。

步骤 01 创建 Spring Boot 项目。

在前面创建的父工程 0401-spring-cloud-eureka-server 中创建 Eureka Client 客户端项目：springcloud-service-consumer，作为服务消费者，如图 4-9 所示。

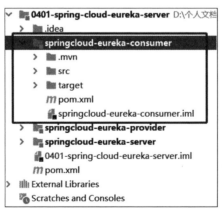

图 4-9　springcloud-eureka-server 项目预览

步骤 02 添加依赖。

修改项目中的 pom.xml 文件，添加 spring-cloud-starter-netflix-eureka-client 等依赖。示例代码如下：

```
<dependencies>
    <dependency>
        <groupId>org.springframework.boot</groupId>
        <artifactId>spring-boot-starter-web</artifactId>
    </dependency>

    <dependency>
        <groupId>org.springframework.cloud</groupId>
        <artifactId>spring-cloud-starter-netflix-eureka-client</artifactId>
    </dependency>
</dependencies>
```

步骤 03 修改启动类。

修改 ConsumerServiceApplication.java 启动类，使用@EnableEurekaClient 注解打开 Eureka Client 客户端。示例代码如下：

```
@SpringBootApplication
@EnableEurekaClient
public class ConsumerServiceApplication {
    public static void main(String[] args) {
            SpringApplication.run(ConsumerServiceApplication.class, args
        );
    }
}
```

步骤 04 修改系统配置。

修改 application.properties 全局配置文件，对 Eureka 注册中心的地址以及服务消费者 Consumer 的服务名等进行配置。示例代码如下：

```
spring.application.name=service-consumer
server.port=8081
#设置服务注册中心地址
eureka.client.service-url.defaultZone=http://localhost:8761/eureka
```

步骤 05 创建订单服务接口。

创建服务消费者的服务，这里以获取订单服务为例，创建一个获取订单的接口；同时，此服务会调用服务提供者的获取用户列表接口。

首先，创建 OrderController 控制器，添加获取订单列表 getOrderList，然后在接口中调用

服务提供者 eureka-provider 中的 getUserList 接口。示例代码如下:

```
@RestController
public class OrderController {

    @Autowired
    private RestTemplate restTemplate;

    @Autowired
    private LoadBalancerClient loadBalancerClient;

    @RequestMapping("/getOrderList")
    public String getOrderList(){
        //选择调用的服务的名称
        //ServiceInstance 封装了服务的基本信息, 如 IP 地址和端口
        ServiceInstance si = this.loadBalancerClient.choose("service-provider");
        //拼接访问服务的 URL
        StringBuffer sb = new StringBuffer();
        //http://localhost:9090/user
sb.append("http://").append(si.getHost()).append(":").append(si.getPort()).append("
/getUserList");

        //ResponseEntity:封装了返回值信息
        ResponseEntity<String> response = restTemplate.exchange(sb.toString(),
HttpMethod.GET, null, String.class);
        return response.getBody();
    }
}
```

在上面的示例中,使用 LoadBalancerClient 类的 choose 方法从 Eureka 的服务列表中找到了对应的服务信息,再使用 RestTemplate 发起 HTTP 请求。

步骤 06 验证测试。

前面创建了服务消费者,并实现了调用服务提供者的 getUserList 接口。接下来验证此服务是否能注册到 Eureka 服务注册中心,以及是否能调用服务提供者的相关接口。

首先启动注册中心 eureka-server,然后启动服务提供者 eureka-provider 和服务消费者 eureka-consumer。通过浏览器访问 http://localhost:8761,在 Eureka 服务管理页面可以看到刚启动的 SERVICE-CONSUMER 和 SERVICE-PROVIDER 服务,如图 4-10 所示。这说明服务提供者 eureka-provider 和服务消费者 eureka-consumer 已经成功注册到 eureka-server 注册中心。

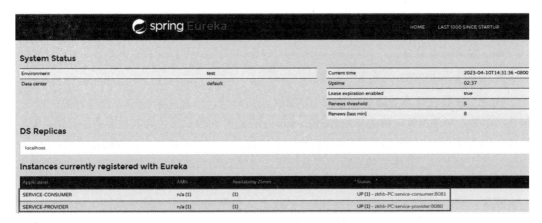

图 4-10　SERVICE-CONSUMER 和 SERVICE-PROVIDER 服务

接下来，验证服务消费者调用服务提供者的获取人员信息接口是否成功。在浏览器中输入如下地址：http://localhost:8081/getOrderList，成功返回相关数据，说明微服务间调用成功，如图 4-11 所示。

图 4-11　服务消费者 eureka-consumer 调用服务提供者数据结果

4.3　玩转 Eureka

前面介绍了 Eureka 的基本概念，学习了怎么搭建 Eureka 注册中心。那么，Eureka 的运行原理是什么？它是如何实现高可用性的呢？本节开始深入了解并玩转 Eureka。

4.3.1　自我保护模式

1. 什么是自我保护模式

自我保护模式是一种针对网络异常波动的安全保护措施，使用自我保护模式能使 Eureka 集群更加健壮、稳定地运行。

一般情况下，Eureka Client 服务在 Eureka Server 上注册成功后，每隔 30 秒会向 Eureka Server 发送心跳包，Eureka Server 通过心跳来判断服务是否健康，同时会定期删除超过 90 秒没有发送心跳的服务，确保服务端的服务列表中的服务都是正常的。但是，有两种情况会导致 Eureka Server 收不到微服务的心跳：

- 服务自身故障。
- 服务或 Eureka 注册中心出现网络故障。

通常，服务自身的故障只会导致个别服务出现异常，一般不会出现大面积宕机的情况。但是，如果是网络故障，就会导致 Eureka Server 在短时间内无法收到其他服务的心跳。基于此 Eureka 设置了一个阈值，可以判断宕机的服务数量是否超过阈值，如果超过阈值，Eureka Server 会认为出现了网络故障导致的服务宕机，它将自动启动自我保护机制，此时将不再从注册列表中移除因为长时间没收到心跳而应该过期的服务。

那么，这个阈值是多少呢？Eureka Server 在运行期间会统计心跳失败的比例在 15 分钟内是否低于 85%。这种算法机制就叫 Eureka 的自我保护模式。

2. 为什么需要自我保护模式

了解了 Eureka 的自我保护模式之后，可能有些读者还会有疑问：为什么需要自我保护模式呢？

- 因为同时保留"好数据"与"坏数据"总比丢掉任何数据要好，当网络故障恢复后，这个 Eureka 节点会退出"自我保护模式"。
- Eureka 具备客户端缓存功能（也就是 Eureka Client 缓存服务列表）。即便 Eureka 集群宕机失效或者出现网络故障，其他微服务也有可能是正常通信的。
- 微服务 Eureka Client 的负载均衡策略会自动剔除死亡的微服务节点。

基于以上 3 种情况，Eureka 选择了通过自我保护机制确保整个微服务系统的稳定性和高可用性。

3. 如何退出自我保护模式

Eureka 的自我保护模式默认是开启的。但是，在本地开发时，由于服务本身就很少，很容易就会达到阈值，因此有必要退出自我保护模式。通过将 enable-self-preservation 设置为 false，然后修改客户端和服务端相关参数，即可保证异常服务被及时剔除。

修改 eureka-server 服务配置中心的 application.properties 配置文件：

```
#关闭自我保护。true 为开启自我保护，false 为关闭自我保护
eureka.server.enableSelfPreservation=false
#清理间隔(单位为毫秒，默认是 60×1000ms)
eureka.server.eviction.interval-timer-in-ms=60000
```

4.3.2　如何优雅地停服

所谓优雅地停服，简单来说就是向应用系统发出停止指令之后，系统能保证正在执行的业务操作不受影响，直到所有操作运行完毕之后再停止服务。

我们知道，如果暴力地关闭应用程序，比如通过 kill -9 <pid> 命令强制直接关闭应用程序进程，可能会导致正在执行的任务数据丢失或者数据错乱，也可能会导致任务所持有的全局资源得不到释放。例如，当前任务持有的 Redis 锁，如果任务突然被终止并且没有主动释放锁，就会导致其他进程因无法获取锁而影响正常的业务处理。这就需要对应用系统进行安全的关闭。

一般应用系统接收到停止指令之后，会进行如下操作：

● 停止接收新的访问请求。

● 对于正在处理的请求，等待这些请求处理完毕。同时，对于内部正在执行的定时任务、消息队列（Message Queue，MQ）消息消费等，不再启动新的任务；直到当前正在执行的任务执行完毕。

● 在应用准备关闭时，按需向外发出信号，告知其他应用服务准备接手，以保证服务的高可用性。

那么，如何在不影响正在执行的业务的情况下，将应用程序优雅地关闭呢？

首先，需要在项目中添加 spring-boot-starter-actuator 监控服务依赖包。然后，开启 shutdown 端点，默认配置下，shutdown 端点是关闭的，需要在 application.properties 中配置开启：

```
management.endpoint.shutdown.enabled=true
management.endpoints.web.exposure.include=*
```

最后，将服务启动之后，使用 POST 请求类型调用 http://localhost:8761/actuator/shutdown，如图 4-12 所示。

```
2024-07-24 10:41:31.764  INFO 13836 --- [3]-172.16.0.101] o.a.c.c.C.[Tomcat].[localhost].[/]       : Initializing Spring DispatcherServlet '
2024-07-24 10:41:31.764  INFO 13836 --- [3]-172.16.0.101] o.s.web.servlet.DispatcherServlet         : Initializing Servlet 'dispatcherServlet
2024-07-24 10:41:31.764  INFO 13836 --- [3]-172.16.0.101] o.s.web.servlet.DispatcherServlet         : Completed initialization in 0 ms
2024-07-24 10:41:36.511  INFO 13836 --- [       Thread-27] o.s.c.n.e.s.EurekaServiceRegistry        : Unregistering application EUREKA-SERVER
应用正在关闭...
2024-07-24 10:41:36.611  INFO 13836 --- [       Thread-27] o.apache.catalina.core.StandardService   : Stopping service [Tomcat]
2024-07-24 10:41:36.611  INFO 13836 --- [       Thread-27] o.a.c.c.C.[Tomcat].[localhost].[/]       : Destroying Spring FrameworkServlet 'dis
2024-07-24 10:41:36.611  INFO 13836 --- [       Thread-27] c.n.eureka.DefaultEurekaServerContext    : Shutting down ...
2024-07-24 10:41:36.611  INFO 13836 --- [       Thread-27] c.n.eureka.DefaultEurekaServerContext    : Shut down
2024-07-24 10:41:36.627  INFO 13836 --- [       Thread-27] o.s.s.concurrent.ThreadPoolTaskExecutor  : Shutting down ExecutorService 'applicat
2024-07-24 10:41:36.627  INFO 13836 --- [       Thread-27] com.netflix.discovery.DiscoveryClient    : Shutting down DiscoveryClient ...
2024-07-24 10:41:36.627  INFO 13836 --- [       Thread-27] com.netflix.discovery.DiscoveryClient    : Completed shut down of DiscoveryClient

Process finished with exit code 0
```

图 4-12　Eureka 服务安全停服日志

4.3.3 安全认证

Eureka 负责服务治理，是微服务架构的核心，它的重要性不言而喻。默认情况下，只要知道地址和端口，就能访问和查看所有微服务的状态以及一些监控信息，缺乏一定的安全性。

为了增强安全性，Eureka 支持通过安全认证的方式进行访问，Eureka 通过设置用户名和密码来确保对 Eureka 注册中心的服务信息进行安全的访问。客户端只需要通过安全认证的方式来注册服务。具体操作是在客户端配置 eureka.client.serviceUrl.defaultZoneURL，其中嵌入认证账号和密码。

下面通过示例演示如何为 Eureka 注册中心增加安全认证。

步骤01 在 Eureka Server 中导入 Security 依赖。

首先，修改在 Eureka Server 模块 springcloud-eureka-server 中的 pom.xml 配置文件，增加 spring-boot-starter-security 依赖。示例代码如下所示：

```
<dependency>
    <groupId>org.springframework.boot</groupId>
    <artifactId>spring-boot-starter-security</artifactId>
</dependency>
```

步骤02 修改 Eureka Server 配置文件。

修改 application.properties 文件，对账号和密码进行配置，然后修改访问 Eureka 注册中心的 URL。示例代码如下：

```
spring.application.name=eureka-server
server.port=8761

#是否将自己注册到 eureka-server 中，默认为 true
eureka.client.register-with-eureka=false
#是否从 eureka-server 中获取服务注册信息，默认为 true
eureka.client.fetch-registry=false

spring.security.user.name=admin
spring.security.user.password=123456
#eureka 的访问方式
eureka.client.serviceUrl.defaultZone=http://admin:123456@localhost:8761/eureka
/
```

在上述代码中，设置了注册中心的账号和密码为 admin/123456，客户端访问的地址为 http://user:123456@eureka2:8761/eureka/。

步骤03 修改 Eureka Server，禁用 CSRF。

在 Eureka Server 中，添加一个配置类 WebSecurityConfig 用来关闭 CSRF（Cross-Site Request Forgery，跨站请求伪造），否则 order 微服务无法连接 Eureka Server。示例代码如下：

```
@EnableWebSecurity
@Configuration
public class WebSecurityConfig extends WebSecurityConfigurerAdapter {

    @Override
    protected void configure(HttpSecurity http) throws Exception {
        http.csrf().disable(); //关闭 CSRF
        super.configure(http);
    }
}
```

步骤 04 修改其他微服务的配置文件，添加访问 Eureka 服务的账号和密码。

在注册中心增加密码验证之后，其他 Eureka Client 如何通过安全认证注册呢？其实非常简单，只需要修改服务提供者 eureka-provider 和服务消费者 eureka-consumer 等其他微服务的配置文件中的 defaultZone 配置的 URL 即可。示例代码如下：

```
spring.application.name=service-provider
server.port=8080

#eureka 的访问方式，增加 Eureka 的账号和密码
eureka.client.service-url.defaultZone=http://admin:123456@localhost:8761/eureka/
```

步骤 05 验证测试。

重新启动 eureka-server、eureka-provider 和 eureka-consumer 三个服务，演示安全认证的配置是否成功。在浏览器中输入 http://localhost:8761，会先进入登录界面，默认账号和密码就是前面配置的 admin/123456。输入账号和密码，验证成功后，才能进入 Eureka 的管理页面，如图 4-13 所示。

输入账号和密码认证成功后，进入 Eureka 的管理页面，可以看到服务提供者 eureka-provider 和服务消费者

图 4-13　登录界面

eureka-consumer 这两个 Eureka Client 微服务已经成功注册到 Eureka 注册中心，说明 Eureka 安全认证配置成功。

4.3.4　健康检查

默认情况下，Eureka Server 依赖客户端心跳机制来维持服务实例的存活状态。在 Eureka

的服务续约和剔除机制下，客户端的健康状态自注册到服务注册中心后将一直保持为 UP 状态，除非心跳停止一段时间后，注册中心才会自动将其剔除。

然而，心跳机制虽然可以检测 Eureka Client 客户端进程是否正常运行，但无法有效验证客户端是否能够正常提供服务。例如，大多数微服务应用都依赖于外部资源，如数据库、Redis 缓存等。如果应用无法连接到这些外部资源，实际上已无法提供正常服务，但由于客户端心跳仍在运行，它仍可能被服务消费者调用，这可能导致不可预见的后果。

为了解决这个问题，Spring Boot Actuator 提供了/health 端点，该端点展示应用程序的健康信息。通过将此端点的健康状态传播到 Eureka Server，可以实现更准确的健康检查。实现这一点的方法如下。

首先，在 Eureka Client 客户端的 eureka-consumer 模块中添加 Actuator 依赖。在 pom.xml 文件中引入 spring-boot-starter-actuator 模块的依赖，示例代码如下：

```
<!--引入健康检查依赖包-->
<dependency>
    <groupId>org.springframework.boot</groupId>
    <artifactId>spring-boot-starter-actuator</artifactId>
</dependency>
```

然后，修改 Eureka Client 客户端 eureka-consumer 模块中的 application.properties 配置文件，以启用 Actuator 的健康检查：

```
#开启健康检查（需要 spring-boot-starter-actuator 依赖，默认就是开启的）
eureka.client.healthcheck.enabled = true
```

接下来创建一个健康检查类 HealthStatusService，继承 actuator 的 HealthIndicator 接口，示例代码如下：

```
@Service
public class HealthStatusService implements HealthIndicator {

    private Boolean status = true;

    public void setStatus(Boolean status) {
        this.status = status;
    }
    public String getStatus() {
        return this.status.toString();
    }

    }

    @Override
```

```
public Health health() {
    if (status){
        return new Health.Builder().up().build();
    } else {
        return new Health.Builder().down().build();
    }
}
}
```

同时，新建一个测试的接口 TestController，示例代码如下：

```
@Controller
public class TestController {

    @Autowired
    HealthStatusService healthStatusSrv;

    @RequestMapping("/test/health")
    public String health(@RequestParam("status") Boolean status) {
        healthStatusSrv.setStatus(status);
        return healthStatusSrv.getStatus();

    }
}
```

最后，重新启动 Eureka Server 注册中心和 Eureka Consumer 客户端。如果此时将客户端状态设置为 DOWN，则注册中心管理页面的状态也会相应变为 DOWN，这表明 Eureka 的健康检查已经修改为使用 Actuator 的健康状态信息，如图 4-14 所示。

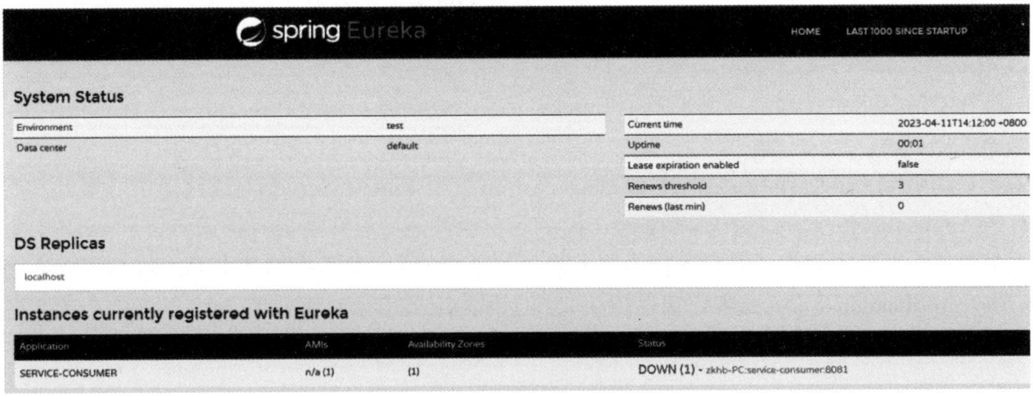

图 4-14　服务健康状态

若需实现更细粒度的健康检查，可以通过实现 com.netflix.appinfo.HealthCheckHandler 接口来完成。EurekaHealthCheckHandler 类已经实现了此接口，提供了一种机制来执行更详细的健康状态检查。

4.4 高可用 Eureka 注册中心（Eureka 集群）

在微服务架构体系中，Eureka 注册中心扮演着至关重要的角色。如果服务注册中心出现问题，将严重影响整个系统平台的运行。因此，构建一个高可用的 Eureka 注册中心是非常必要的。接下来将介绍如何搭建高可用的 Eureka 集群。

4.4.1 Eureka 集群架构原理

Eureka 集群架构基于对等（Peer to Peer）的原理实现。在 Eureka 集群中，每个节点都扮演着相同的角色，既作为服务注册中心接收服务的注册和续约，同时也作为客户端从其他节点获取服务注册信息。

每个 Eureka 节点都会维护一份完整的服务注册信息列表。节点之间通过相互复制和同步数据来保证信息的一致性。当一个服务向其中一个节点注册或续约时，该节点会将信息同步到其他节点。

这样的架构具有以下优点。

- 高可用性：即使部分节点出现故障，只要还有一个节点正常运行，整个服务注册与发现系统就能继续工作。
- 容错性强：节点之间相互独立，单个节点的故障不会影响整个集群的正常运行。
- 负载均衡：客户端可以从任意一个节点获取服务信息，实现了请求的负载均衡。

在实际应用中，通常会部署多个 Eureka 节点组成集群，以提高系统的可靠性和稳定性，如图 4-15 所示。

可以看到，us-east-1c、us-est-1d 和 us-east-1e 三个 Eureka Server 组成注册中心集群。所有的 Application Service 客户端服务会同时向这三个注册中心注册自身的服务信息；同时，集群中的各个节点也会相互同步各自的服务列表信息。这样即使其中的某个 Eureka Server 实例宕机，Application Service 客户端也能获取到全部的服务信息，确保 Eureka 注册中心的服务可用，从而确保整个系统平台正常运行。

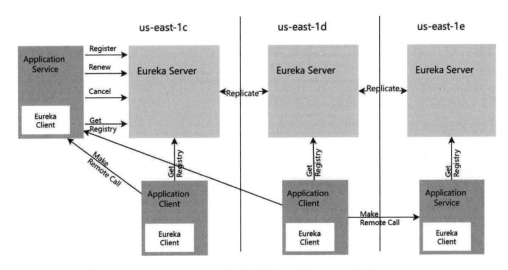

图 4-15 Eureka 集群架构图，来自 Eureka 官网

4.4.2 搭建高可用的 Eureka 集群

下面通过示例演示搭建 Eureka 集群。为了演示方便，使用同一台主机启动三个 Eureka Server 实例的方式搭建集群。端口号分别为 8761、8762 和 8763。

步骤 01 在 Eureka Server 中增加三个配置文件。

首先，修改 eureka-server 模块，增加三个系统配置文件，分别是 application-8761.properties、application-8762.properties 和 application-8763.properties。

其中，application-8761.properties 的内容如下：

```
spring.application.name=eureka-server
server.port=8761

#设置 eureka 实例名称，应与配置文件中的端口号相对应
eureka.instance.hostname=eureka1
#是否将自己注册到 eureka-server 中，默认为 true
eureka.client.register-with-eureka=true
#是否从 eureka-server 中获取服务注册信息，默认为 true
eureka.client.fetch-registry=true

#设置其他两个 Eureka 注册中心的地址
eureka.client.serviceUrl.defaultZone=http://localhost:8762/eureka/,http://localhost:8763/eureka/
```

其他两个配置文件与此类似，主要的区别在于需要修改两个关键配置项：服务的端口号

server.port 和 Eureka 服务器的注册地址 defaultZone。

步骤02 修改 Eureka Client 客户端的配置文件。

依次修改 eureka-provider 和 eureka-consumer 模块中的 application.properties 配置文件，增加 Eureka Server 注册中心地址。示例代码如下：

```
spring.application.name=service-provider
server.port=8080

#eureka 的访问方式
eureka.client.service-url.defaultZone=http://localhost:8761/eureka/,http://loc
alhost:8762/eureka/,http://localhost:8763/eureka//
```

步骤03 验证测试。

首先，启动三个 Eureka Server 实例。可以将项目打包后，在命令行启动三个 Eureka 实例，启动命令如下：

```
java -jar eureka-server-0.0.1-SNAPSHOT.jar --spring.profiles.active=8761
java -jar eureka-server-0.0.1-SNAPSHOT.jar --spring.profiles.active=8762
java -jar eureka-server-0.0.1-SNAPSHOT.jar --spring.profiles.active=8763
```

也可以在 IDEA 的 Edit Configurations 中配置，这里就不再演示了。

启动成功后，分别访问 http://localhost:8761/eureka 、http://localhost:8762/eureka 和 http://localhost:8762/eureka 三个 Eureka Server 注册中心的管理页面。可以看到，三个示例已经相互注册了，如图 4-16 所示。

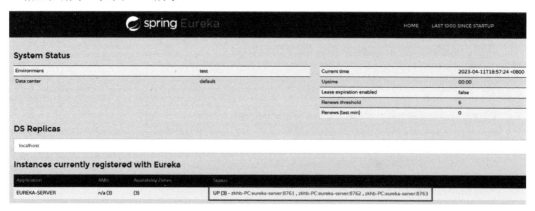

图 4-16 三个示例已经相互注册

接下来，启动服务提供者 eureka-provider 和服务消费者 eureka-consumer，验证 Eureka 客户端能否注册到 Eureka Server 注册中心集群。启动成功后，再次分别访问三个 Eureka 注册中心实例的管理页面，可以看到微服务客户端已经成功注册到 Eureka Server 集群，如图 4-17 所示。

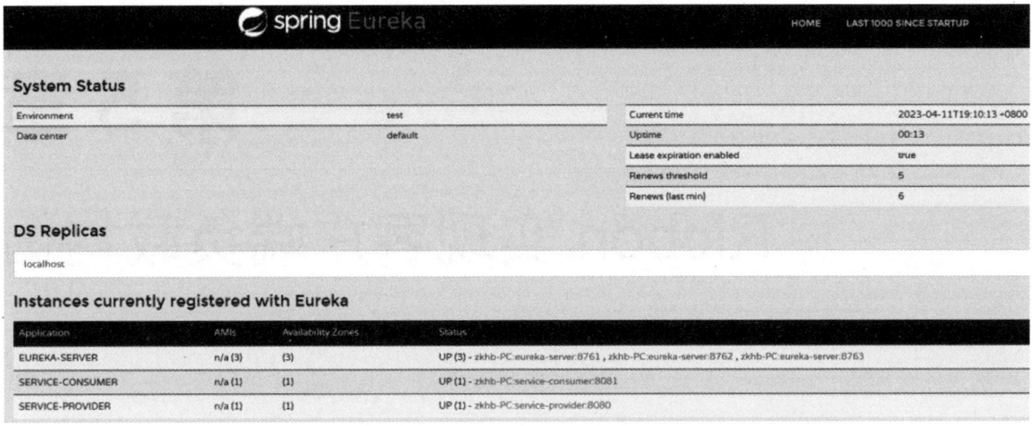

图 4-17　微服务客户端已经成功注册到 Eureka Server 集群

4.5　本章小结

注册中心是微服务架构中至关重要的组件。Eureka 作为当前流行的注册中心组件，得到了 Spring Cloud 的全面支持。开发者仅需使用一个注解即可轻松构建自己的 Eureka 注册中心服务。

本章详细介绍了注册中心的概念、Eureka 的功能，并通过示例指导如何搭建完整的 Eureka 注册中心。此外，还探讨了 Eureka 的具体应用，包括其自我保护机制、安全认证和健康检查等方面。最后，本章还介绍了如何搭建 Eureka 的高可用集群。

通过本章的学习，读者将能够理解注册中心的作用和重要性，掌握使用 Spring Cloud 搭建 Eureka 注册中心及其他微服务的方法，并为进一步深入学习打下坚实的基础。

4.6　本章练习

（1）使用 Eureka 搭建 Eureka 注册中心。

（2）为搭建的 Eureka 注册中心增加安全认证。

第5章

Ribbon 实现客户端负载均衡

本章将深入探讨 Ribbon 作为客户端负载均衡工具的各个方面，涵盖 Ribbon 的概念、架构、负载均衡策略、配置与扩展、性能优化以及调试技巧等内容。通过学习本章，读者将能够理解如何应用 Ribbon 实现微服务的负载均衡，从而提升系统的可用性和整体性能。

5.1　Ribbon 简介

Ribbon 是微服务架构中的关键组件，它在实现客户端负载均衡方面发挥着核心作用。然而，在开始使用 Ribbon 之前，了解其核心原理是至关重要的。本节将首先介绍 Ribbon 的底层原理，阐述 Ribbon 的基本概念与功能、它的核心组件及其工作原理。

5.1.1　什么是 Ribbon

1. 客户端负载均衡简介

当我们谈论负载均衡时，许多人可能会首先想到 Nginx。实际上，根据服务列表存放的位置，负载均衡可以分为服务端负载均衡和客户端负载均衡两种类型。

- 服务端负载均衡指的是应用服务的实际请求地址存储在负载均衡服务器上，由该服务器负责请求的分发。客户端无须关心有多少应用服务器提供服务，只需将请求发送到负载均衡服务器即可。我们熟悉的 Nginx 就是服务端负载均衡的一个例子。

- 客户端负载均衡则是由客户端自己维护一份服务提供者的地址列表，并通过负载均衡算法来选择请求哪个应用服务。Ribbon 是客户端负载均衡的一个典型代表。

客户端负载均衡是一种在分布式系统中用于优化资源分配和提高系统性能的机制。客户端通常会事先获取到一组可用的服务端实例信息，并依据特定的算法或策略（例如轮询、随机、加权等）进行选择，如图 5-1 所示。

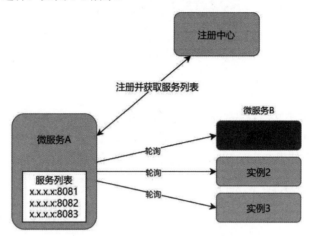

图 5-1　客户端负载均衡请求示意图

客户端负载均衡能够减少对集中式负载均衡器的依赖，降低单点故障风险，同时使得请求分配更加灵活和高效，尤其适用于对实时性和自主性要求较高的场景，但也要求客户端具备一定的处理能力和逻辑来实现负载均衡的决策过程。

2. Ribbon 概述

Ribbon 是一个基于 HTTP 和 TCP 的客户端负载均衡器，它可以帮助我们将客户端请求分发到多个服务实例中，实现服务的负载均衡。Ribbon 支持多种负载均衡策略，包括轮询、随机、加权轮询、加权随机等，可以根据实际需求选择不同的负载均衡策略。

在微服务架构中，服务通常会部署多个实例，以提高服务的可用性和性能。而 Ribbon 可以自动发现可用的服务实例，并通过负载均衡算法将请求分发到这些实例中。同时，Ribbon 还支持与服务注册中心（如 Eureka、Consul 等）集成，可以自动发现可用的服务实例。

Ribbon 是 Spring Cloud 微服务架构中的重要组件，Spring Cloud 基于 Netflix Ribbon 进行封装，能够与 Spring Cloud 的其他组件（诸如 Eureka、Feign、Hystrix 等）协同运作，构建基于微服务架构的应用。

Ribbon 是基于 HTTP 和 TCP 的客户端负载均衡工具，能够使我们便捷地将面向服务的 REST 模板请求自动转换为客户端负载均衡的服务调用，具体如图 5-2 所示。

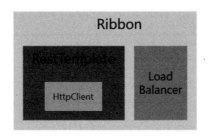

图 5-2 Ribbon 实现方式

Ribbon 其实是基于 RestTemplate 并由 Spring Cloud 集成并加入了 LoadBalancer 负载均衡算法封装的工具类框架。它虽然不需要像注册中心、配置中心、API 网关那样独立部署，但几乎被应用于每一个使用 Spring Cloud 构建的微服务和基础设施中。

5.1.2 Ribbon 的核心组件

Ribbon 主要由五大功能组件组成：负载均衡器（LoadBalancer）、服务实例列表（ServerList）、服务实例过滤器（ServerListFilter）、服务列表更新器（ServerListUpdater）、心跳检测（Ping）、负载均衡策略（Rule），如图 5-3 所示。

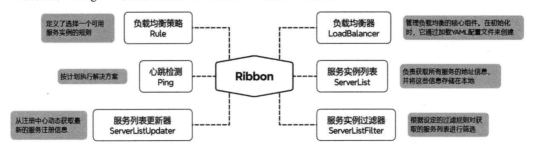

图 5-3 Ribbon 的核心组件

在这些组件中，LoadBalancer 是 Ribbon 的核心，负责选择一个可用的服务实例，并将请求转发给该实例，以此来实现服务的负载均衡和高可用性。而 ServerList、ServerListFilter、Rule 和 Ping 等组件则作为辅助组件，为 LoadBalancer 提供必要的支持，它们协同工作，共同实现了 Ribbon 的负载均衡功能。

5.1.3 Ribbon 的工作原理

理解 Ribbon 的核心概念之后，接下来讲解 Ribbon 的工作流程，特别是它如何拦截 HTTP 请求并实现负载均衡。Ribbon 的工作原理如图 5-4 所示。

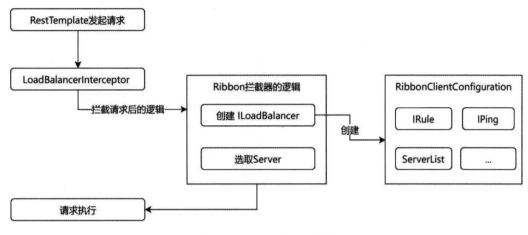

图 5-4　Ribbon 的工作原理

（1）Ribbon 拦截所有标注@loadBalance 注解的 RestTemplate。RestTemplate 用来发送 HTTP 请求。

（2）将 Ribbon 默认的拦截器 LoadBalancerInterceptor 添加到 RestTemplate 的执行逻辑中，当 RestTemplate 每次发送 HTTP 请求时，都会被 LoadBalancerInterceptor 拦截。

（3）拦截后，Ribbon 会创建一个 ILoadBalancer 实例。

（4）ILoadBalancer 实例会使用 RibbonClientConfiguration 完成自动配置。同时，也会配置好 IRule、IPing 和 ServerList。

（5）Ribbon 会从服务列表中选择一个服务，并将请求转发给这个服务。

总的来说，Ribbon 的工作流程就是首先拦截 HTTP 请求，然后通过负载均衡器选择一个可用的服务实例，最后将请求转发给该实例，如果微服务发生故障，Ribbon 也会将其从列表剔除。从而实现服务的负载均衡和高可用。

5.2　Ribbon 的使用

在理解了 Ribbon 的基本概念、功能及其底层原理之后，本节将介绍如何使用 Ribbon 来实现负载均衡。我们将详细探讨配置负载均衡算法的策略，并学习如何自定义负载均衡算法。此外，本节还将涵盖 Ribbon 的超时设置、重试机制以及饥饿加载等高级特性。

5.2.1　使用 Ribbon 实现负载均衡

接下来，通过示例演示如何使用 Ribbon 实现负载均衡。在开始之前，需要进行一些准备工作：

（1）手动创建父工程 0501-spring-cloud-robbin 后，引入 Spring Boot 和 Spring Cloud 等组件。然后，创建注册中心 springcloud-eureka-server、服务提供者 springcloud-service-provider和服务消费者 springcloud-service-consumer 三个模块。前面已经创建过了，这里不再重复，读者也可以将前面的项目复制过来修改。

（2）Spring Cloud 提供的 spring-cloud-starter-netflix-eureka-client 组件已经整合了 Ribbon，所以只需引入 Eureka 的依赖即可。

父项目及模块创建完成后，接下来演示使用 Ribbon 调用多个服务提供者实现负载均衡。

首先，修改服务消费者 springcloud-service-consumer 模块，配置 RestTemplate 类。在RestTemplate 上加上@LoadBalanced 注解即可实现远程服务调用的负载均衡。示例代码如下：

```
@Configuration
public class RestTemplateConfig {
    @Bean
    @LoadBalanced
    public RestTemplate restTemplate(){
        return new RestTemplate();
    }
}
```

然后，在 springcloud-service-consumer 模块中的 OrderController 控制器，示例代码如下所示：

```
@RestController
public class OrderController {

    @Autowired
    private RestTemplate restTemplate;

    @RequestMapping("/getOrderList")
    public String getOrderList(){
        //拼接访问服务的 URL
        String url = "http://SERVICE-PROVIDER/getUserList";

        //ResponseEntity:封装了返回值信息
        ResponseEntity<String> response = restTemplate.exchange(url,
HttpMethod.GET, null, String.class);
        return response.getBody();
    }
}
```

如上面的示例所示，访问的服务提供者的地址是微服务的名称（大写），不再是某一个微服务实例的 IP 地址和端口。

接下来，构建多个服务提供者实例。为了构建一个真实的多实例负载的远程服务调用，我们需要为服务提供者 eureka-provider 创建多个启动实例（服务于不同的端口）。修改服务提供者 eureka-provider 模块，增加三个系统配置文件，分别是 application-8078.properties、application-8079.properties 和 application-8080.properties。其中，application-8078.properties 的内容如下：

```
spring.application.name=service-provider
server.port=8078

#eureka 的访问方式，增加 Eureka 的账号和密码
eureka.client.service-url.defaultZone=http://localhost:8761/eureka/
```

其他两个配置文件与此类似，区别在于需要修改端口号 server.port。分别启动 eureka-server 注册中心和服务消费者 service-consumer 实例，然后将服务提供者 service-provider 项目打包，在命令行启动三个 service-provider 实例，启动命令如下：

```
    java -jar springcloud-service-provider-0.0.1-SNAPSHOT.jar --spring.profiles.
active=8078
    java -jar springcloud-service-provider-0.0.1-SNAPSHOT.jar --spring.profiles.
active=8079
    java -jar springcloud-service-provider-0.0.1-SNAPSHOT.jar --spring.profiles.
active=8080
```

也可以在 IDEA 中的 Edit Configurations 中配置启动，这里不再演示。

最后，验证服务消费者是否能够成功调用服务提供者，Ribbon 负载均衡是否生效。启动成功后，多次访问 http://localhost:8081/getOrderList 接口，可以看到访问的是不同的服务提供者 eureka-provider 实例，如图 5-5 所示。

图 5-5　服务消费者请求结果

5.2.2　超时机制

超时是微服务架构中最常见的问题。Spring Cloud 可以通过设置 Ribbon 的超时时间来控制服务调用的等待时长，避免出现线程被占用导致的长时间等待的问题，同时还能在调用超时后重试。

需要注意的是，这和 Hystrix 的使用是不一样的。一般来说，Hystrix 设置的超时时间要小于 Ribbon 设置的超时时间，不然到了超时时间就会触发熔断（后面章节将详细介绍）。

Ribbon 的超时设置支持 Java Config 和配置文件两种方式。我们先使用全局配置方式修改 RestTemplateConfig 配置类，设置 Ribbon 调用的超时时间为 500 毫秒。示例代码如下：

```
@Configuration
public class RestTemplateConfig {
    @Bean
    @LoadBalanced
    public RestTemplate restTemplate(){
        HttpComponentsClientHttpRequestFactory factory = new
HttpComponentsClientHttpRequestFactory();
        factory.setReadTimeout(500);
        factory.setConnectTimeout(500);
        return new RestTemplate(factory);
    }
}
```

除此之外，还可以在 application.properties 或 application.yml 文件中设置 Ribbon 的超时时间。如果你使用的是 application.properties，可以通过以下配置来设置 Ribbon 的超时时间：

```
#设置连接超时时间（毫秒）
ribbon.ConnectTimeout=500
#设置读取超时时间（毫秒）
ribbon.ReadTimeout=500
```

这里，ConnectTimeout 是建立连接所需的时间，而 ReadTimeout 是从服务器读取响应的超时时间。

请注意，这些设置会影响所有 Ribbon 客户端的超时时间。如果你需要针对特定的客户端配置，可能需要创建一个自定义的 IRule 或者使用配置类来定制 Ribbon 的行为。

5.2.3 重试机制

在实际项目中，部分服务或部分实例不可用的情况时有发生。因此，我们期望能够引入一种重试机制。例如，微服务能够启动多个实例，当实例 1 因某些原因（如网络问题等）在瞬时无法正常响应服务请求时，为保障业务能够正常执行，系统会自动向该服务的其他实例发起请求。这种机制被称为微服务调用的重试机制，如图 5-6 所示。

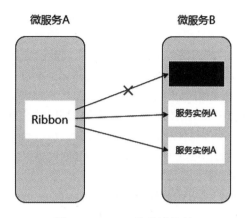

图 5-6　Ribbon 的重试机制

可以在 application.properties 或 application.yml 文件中设置重试机制。示例代码如下：

```
# 设置 Ribbon 的重试次数
ribbon.MaxAutoRetriesNextServer=2
# 对所有操作启用重试
ribbon.OkToRetryOnAllOperations=true
ribbon.MaxAutoRetries
```

根据以上配置，当访问到故障请求时，就会再次尝试访问当前实例，如果失败，则换一个实例进行访问，如果还是失败，再换一个实例进行访问，如果依然失败，则返回失败信息。

以下是与重试机制相关的参数配置。如果请求超时时间设置过短，同时服务响应过慢，也会导致请求重试，在实际应用中要格外注意。

- ribbon.ConnectTimeout：请求连接的超时时间。
- ribbon.ReadTimeout：请求处理的超时时间。
- ribbon.OkToRetryOnAllOperations：对所有操作请求都进行重试，默认只对 GET 请求重试。
- ribbon.MaxAutoRetriesNextServer：切换实例的重试次数，默认为 1。
- ribbon.MaxAutoRetries：对当前实例的重试次数，默认为 1。

需要注意的是，Ribbon 有重试机制，Feign 也有重试机制（后面章节会介绍）。当项目使用了 Feign 的重试机制后，就不需要开启 Ribbon 的重试机制了，反之亦然，否则重试配置重叠。

5.2.4 饥饿加载

初次接触 Spring Cloud 时，常常会碰到这样一个问题：当服务消费方调用服务提供方接口时，第一次请求往往会出现超时的情况，而后续的调用则没有问题。这是什么原因呢？

实际上，导致第一次服务调用失败的主要原因在于，Ribbon 用于客户端负载均衡的 Client 并非在服务启动时就完成初始化，而是在进行调用时才去创建对应的 Client。因此，第一次调用所耗费的时间，不仅包含发送 HTTP 请求的时长，还涵盖创建 Ribbon Client 的时间。如此一来，如果创建的速度较慢，并且设置的超时时间又相对较短，就很容易出现上述现象。

为了解决这个问题，我们可以在服务调用方 service-consumer 中，进行如下配置：

```
#开启饥饿加载
ribbon.eager-load.enabled=true
#饥饿加载的服务
ribbon.eager-load.clients=service-provider
```

通过上面的配置，服务在启动时将会提前加载 Ribbon Client 与被调用服务的上下文，在实际发出请求之时就可直接使用，从而加快了第一次服务请求的访问速度。启动打印的日志如图 5-7 所示。

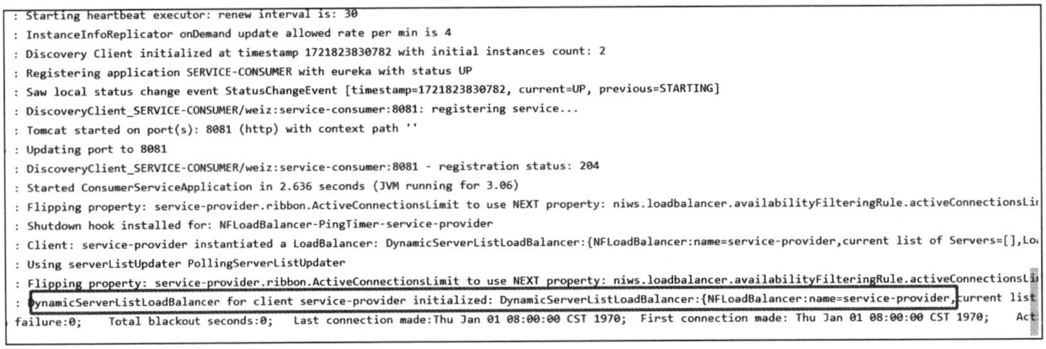

```
: Starting heartbeat executor: renew interval is: 30
: InstanceInfoReplicator onDemand update allowed rate per min is 4
: Discovery Client initialized at timestamp 1721823830782 with initial instances count: 2
: Registering application SERVICE-CONSUMER with eureka with status UP
: Saw local status change event StatusChangeEvent [timestamp=1721823830782, current=UP, previous=STARTING]
: DiscoveryClient_SERVICE-CONSUMER/weiz:service-consumer:8081: registering service...
: Tomcat started on port(s): 8081 (http) with context path ''
: Updating port to 8081
: DiscoveryClient_SERVICE-CONSUMER/weiz:service-consumer:8081 - registration status: 204
: Started ConsumerServiceApplication in 2.636 seconds (JVM running for 3.06)
: Flipping property: service-provider.ribbon.ActiveConnectionsLimit to use NEXT property: niws.loadbalancer.availabilityFilteringRule.activeConnectionsLi
: Shutdown hook installed for: NFLoadBalancer-PingTimer-service-provider
: Client: service-provider instantiated a LoadBalancer: DynamicServerListLoadBalancer:{NFLoadBalancer:name=service-provider,current list of Servers=[],Lo
: Using serverListUpdater PollingServerListUpdater
: Flipping property: service-provider.ribbon.ActiveConnectionsLimit to use NEXT property: niws.loadbalancer.availabilityFilteringRule.activeConnectionsLi
: DynamicServerListLoadBalancer for client service-provider initialized: DynamicServerListLoadBalancer:{NFLoadBalancer:name=service-provider,current list
failure:0;    Total blackout seconds:0;    Last connection made:Thu Jan 01 08:00:00 CST 1970;    First connection made: Thu Jan 01 08:00:00 CST 1970;    Act
```

图 5-7 系统启动加载日志

5.3 Ribbon 负载均衡策略

5.2 节介绍了如何使用 Ribbon 实现负载均衡，学习了 Ribbon 的超时机制、重试策略以及饥饿加载的概念。本节将开始学习 Ribbon 的配置，特别是如何设置负载算法策略以及如何自定义负载均衡算法。

5.3.1　负载均衡算法

算法是负载均衡组件中不可或缺的一部分，无论是 Nginx 还是 Ribbon 都需要依赖特定的算法来实现负载均衡的功能。Ribbon 客户端组件提供了一系列完善的、可插拔且可定制的负载均衡组件。

Ribbon 的负载均衡算法都继承自抽象实现类 AbstractLoadBalancerRule，而这个抽象实现类继承自 IRule 接口，类图关系如图 5-8 所示。

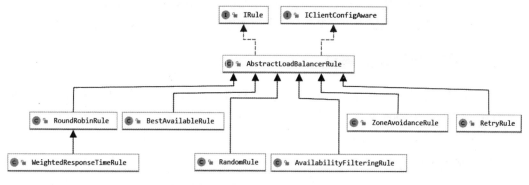

图 5-8　Ribbon 算法类图关系

以下是 Ribbon 提供的几种负载均衡算法。

- RoundRobinRule：简单的轮询策略。这是 Ribbon 默认使用的策略。在一轮轮询过程中，如果未找到可用的服务提供者，最多会进行 10 轮轮询。倘若最终仍未能找到，将返回 null。

- AvailabilityFilteringRule：可用服务过滤策略。此算法会自动略过处于断路状态或连接数过高的服务。在默认情况下，如果 RestClient 在最近的三次尝试连接中都失败，那么会认定该服务实例处于断路状态。该实例将保持断路状态 30 秒，之后进入回路关闭状态。若此时连接依然失败，等待进入关闭状态的时间会随着失败次数的增加而呈指数级增长。

- WeightedResponseTimeRule：加权响应时间策略。该算法依据服务的响应时间为其赋予权重，响应时间越长，权重越低，而权重反映了服务被选中的概率。

- ZoneAvoidanceRule：区域感知策略。通过 ZoneAvoidancePredicate 和 AvailabilityPredicate 来判别是否选择某一服务器。其中，前者用于判断一个区域的运行性能是否可用，并将不可用的区域（以及其所有服务器）剔除，后者用于过滤掉连接数过多的服务器。

- BestAvailableRule：最低并发策略。根据每个服务实例的并发数量来决定访问并发数最少的那个服务实例。通过获取当前遍历的实例的并发数，并与其他实例的并发数进行比较，最终访问并发量最少的实例。

● RandomRule：随机选择策略。从所有可用的服务提供者当中随机选取一个。

● RetryRule：重试策略。首先按照 RoundRobinRule 策略获取服务提供者，若获取失败，则在指定的时间限制内进行重试。默认的重试时间限制为 500 毫秒。

在实际项目中，最常用的策略包括轮询、加权和可用服务过滤这三种。Ribbon 默认使用的是 RoundRobinRule 轮询策略。而可用服务过滤（AvailabilityFilteringRule）和区域感知（ZoneAvoidanceRule）则需要结合断路器、超时等参数进行配置，使用起来相对复杂。

5.3.2 配置负载均衡算法

Ribbon 默认的负载均衡算法是轮询，这也是最常用的算法。如果需要调整算法策略，可以进行如下配置。Ribbon 支持配置文件和 Java Config 配置类来配置算法策略。接下来通过实例演示如何配置负载均衡算法。

1. 配置文件的方式

修改服务消费者 springcloud-service-consumer 模块中的 application.properties 文件，配置负载均衡算法。配置如下：

```
#配置负载均衡算法
SERVICE-PROVIDER.ribbon.NFLoadBalancerRuleClassName=com.netflix.loadbalancer
.RandomRule
```

上面的配置告诉 Ribbon，在调用 SERVICE-PROVIDER 微服务时使用随机 RandomRule 策略。SERVICE-PROVIDER 为服务提供者的服务名。注意，服务名需要全部大写。

2. Java Config 配置

如果不喜欢配置文件的方式，也可以使用 Java Config 配置类来配置。

在服务消费者 springcloud-service-consumer 模块中创建 RibbonConfig 类，配置负载均衡策略。示例代码如下：

```
@Configuration
public class RibbonConfig {
    @Bean
    public IRule ribbonRule(){
        IRule rule = new RandomRule(); // 返回随机算法
        return rule;
    }
}
```

5.3.3　自定义负载均衡算法

Ribbon 支持根据实际业务实现自定义的负载均衡算法。实现自定义的负载均衡算法非常简单：首先，创建一个算法实现类，继承 AbstractLoadBalancerRule 抽象实现类；然后，通过 Server choose(ILoadBalancer lb, Object key)方法设置具体的负载均衡规则即可。

下面通过示例演示自定义负载均衡算法。

首先，在服务消费者 springcloud-service-consumer 模块创建 MyRibbonRule 类，继承 AbstractLoadBalancerRule 类，然后重写 choose 方法。示例代码如下：

```java
@Component
public class MyRibbonRule extends AbstractLoadBalancerRule {

    @Override
    public void initWithNiwsConfig(IClientConfig iClientConfig) {
    }

    public Server choose(ILoadBalancer lb, Object key) {
        //用于统计获取次数，当达到一定数量就不再去尝试
        int count = 0;
        Server server = null;
        //服务还没获取到，并且尝试没有超过 8 次
        while (server == null && count++ < 8){
            //获取服务
            List<Server> reachableServers = lb.getReachableServers();
            int reachableServersSize = reachableServers.size();
            //如果获取的服务 list 都为 0，就返回 null
            if(reachableServersSize == 0){
                return null;
            }
            //这里定义负载均衡算法，则将服务列表中的第一个服务实例返回
            server = reachableServers.get(0);
            //如果服务为空，则直接跳过
            if (server == null){
                continue;
            }
            System.out.println("选择提供者实例: "+server.getPort());
            //如果获取到的服务是可用的，则返回当前服务实例
            if (server.isAlive()){
                return server;
            }
            //如果获取到的服务不是空，但是不是存活状态，则需要重新获取
            server=null;
        }
        //最后，这里可能会返回 null
        return  server;
```

```
    }

    @Override
    public Server choose(Object key) {
        return choose(getLoadBalancer(),key);
    }
}
```

简单起见，上面的示例只是获取服务列表中的第一个服务示例，并未真正实现负载均衡。

接下来，修改 application.properties 配置文件，通过配置的方式使用自定义的负载策略。具体配置如下：

```
#配置负载均衡算法
SERVICE-PROVIDER.ribbon.NFLoadBalancerRuleClassName=com.weiz.eureka.rule
.MyRibbonRule
```

最后，测试验证，重新启动服务消费者 springcloud-service-consumer。验证自定义的负载均衡算法是否生效，通过在浏览器中多次重复请求 http://localhost:8081/getOrderList，观察返回结果是否一致，如图 5-9 所示。如果返回结果均相同，这表明自定义的负载均衡算法已经成功生效。

图 5-9　服务消费者请求结果

5.4　本章小结

Ribbon 是 Spring Cloud 微服务架构中的核心组件之一，它为服务调用提供了灵活且可靠的负载均衡机制。通过合理配置和使用 Ribbon，不仅可以提高系统的可扩展性和性能，还能实现服务的高可用性和负载均衡。本章首先介绍了客户端负载均衡的基本知识，阐述了 Ribbon 作为客户端负载均衡器的角色和工作原理。接着，详细阐述了如何使用 Ribbon 实现负载均衡功能，包括 Ribbon 的配置和使用方式。最后，本章介绍了多种负载均衡算法策略，如轮询、随机、加权等，并讲解了如何自定义负载均衡算法。

通过本章的学习，读者应能深入理解 Ribbon 的基本概念和运行原理，并掌握了如何使用 Ribbon 来实现负载均衡。同时，读者应该了解了不同的负载均衡算法策略，并能够根据实际需求选择合适的算法。此外，读者还应掌握如何自定义负载均衡算法，以满足特定的业务需求。

5.5　本章练习

（1）使用 Ribbon 实现客户端负载均衡调用。

（2）自定义 Ribbon 的超时时间配置。

（3）自定义 Ribbon 的负载均衡算法。

第6章

Feign 服务调用

本章将详细介绍 Feign 作为服务调用工具的各个方面，包括 Feign 的概念、用法、配置和扩展方法、错误处理机制、超时控制策略以及性能优化和调试技巧等。通过本章的学习，读者将能够深入了解如何利用 Feign 简化微服务之间的通信调用。

6.1 Feign 简介

本节将详细介绍 Feign 的相关内容。首先，将阐述 Feign 的定义，让读者对 Feign 有初步的认识。然后，将会说明 Feign 所解决的问题，让读者了解其价值和重要性。最后，将深入剖析 Feign 的工作原理，帮助读者全面掌握 Feign 的核心知识。

6.1.1 Feign 是什么

Feign 是一个声明式的 HTTP 客户端，它通过注解将请求模板化。在实际调用时，将传入参数进行封装，从而生成真正的 HTTP 请求，并将响应转换成 Java 对象返回给调用方，如图 6-1 所示。这种方法简化了微服务之间的调用过程，使得服务间的通信类似于在 Controller 中调用 Service，而无须再依赖于 RestTemplate。

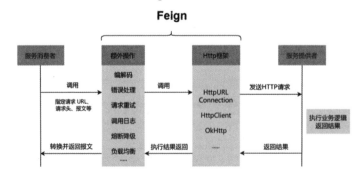

图 6-1 什么是 Feign

Feign 支持多种 HTTP 客户端实现，包括 JDK 原生的 HttpURLConnection、HttpClient、OkHttp 等，并且可以通过简单的配置来切换不同的 HTTP 客户端实现。此外，Feign 还支持负载均衡和服务发现，能够与 Eureka、Consul 等服务注册中心集成，实现服务的自动发现和负载均衡。

作为 Spring Cloud Netflix 的核心组件之一，Feign 可以与 Spring Cloud 的其他组件（例如 Eureka、Ribbon、Hystrix 等）配合使用，构建基于微服务架构的应用。Spring Cloud 集成了 Ribbon 和 Eureka，在使用 Feign 时，可以提供客户端负载均衡。Feign 在 Spring Cloud 解决方案中得到了广泛应用，是学习基于 Spring Cloud 微服务架构时不可或缺的重要组件。它能够将被调用的服务代码映射到消费者端，实现"无缝开发"。

提　示

需要指出的是，网络上存在许多有关 Feign 的资料，其中部分称其为 Feign，还有部分称其为 OpenFeign。那么，这两者之间存在怎样的区别与联系呢？事实上，OpenFeign 与 Feign 本质上属于相同的技术，只是后来 Feign 停止了升级与维护工作，Spring Cloud 接管了 Feign 的相关事宜，并将其更名为 OpenFeign。本书所介绍的 Feign，实际上指的是 OpenFeign。

6.1.2　Feign 用于解决什么问题

在微服务架构里，微服务相互之间需要频繁地进行调用，服务间的调用通常是通过 HTTP 协议。传统的 HTTP 客户端通常需要手动编写 HTTP 请求以及响应的处理逻辑，这会导致代码变得冗长且复杂。同时，服务之间的调用还需要关注服务实例的地址以及负载均衡等问题，这也会增加代码的复杂程度。Feign 的出现有效解决了微服务架构中服务调用所遭遇的难题。

Feign 是一个声明式、模板化的 HTTP 客户端框架。相较于其他 HTTP 客户端框架（诸如 HttpClient、OkHttp 等），Feign 的主要差异体现于以下几点：

- 声明式 API：Feign 使用接口和注解来界定 HTTP 请求与响应的格式，使得定义和调用 HTTP 请求愈发简洁直观，无须手动构建请求及解析响应。
- 集成性：Feign 与 Spring Cloud 等微服务框架的集成颇为紧密，能够便捷地同服务发现、负载均衡等功能相结合加以运用，对服务间的通信予以支持。
- 自动化编码：Feign 自动生成 HTTP 客户端代码，无须开发人员手动编写大量 HTTP 请求和响应的处理逻辑，降低了开发人员的工作负担。
- 可扩展性：Feign 支持自定义编解码器、拦截器等扩展点，能够依据实际需求开展定制化开发，以满足更为复杂的场景需求。

Feign 凭借其声明式的接口定义以及自动化的 HTTP 请求处理，能够极大程度地简化服务之间的调用。我们仅需定义一个 Feign Client 接口，随后 Feign 便会依据此接口创建一个实现类。当客户端调用 Feign Client 中的某个接口时，Feign 会自动处置 HTTP 请求和响应，并将响应转换为具体的对象返回给调用方，以达成完整的接口调用。

通过 Feign 组件，能够显著简化服务之间的调用流程，提升开发效率，削减重复代码，提高代码质量。与此同时，Feign 还支持与注册中心（例如 Eureka、Consul 等）的集成，自动探寻可用的服务实例，并达成负载均衡。

6.1.3　Feign 的工作原理

此前已对 Feign 进行了介绍。乍一看，它可能略显复杂，但实际上，Feign 可以被看作一个对 HTTP 调用流程进行封装的框架，它更符合面向接口的编程习惯。其核心在于通过一系列的封装与处理，把以 Java 注解方式定义的远程调用的 API 接口，最终转换为 HTTP 请求的形式，并且将 HTTP 请求的响应结果解码为 Java Bean，返回给调用者。Feign 远程调用的基本流程如图 6-2 所示。

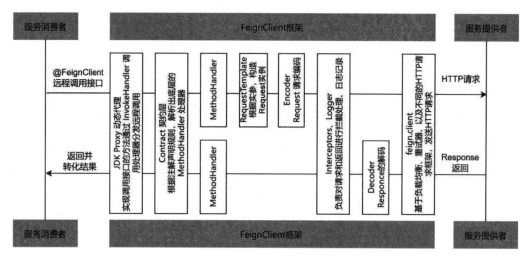

图 6-2　Feign 的工作原理示意图

Feign 的工作原理可以概括如下：

- 服务启动扫描：首先，在服务启动时，程序会自动扫描所有包下的类，寻找带有 @FeignClient 注解的类，并将这些类注入到 Spring 的 IoC 容器中。
- 动态代理生成：当定义的 FeignClient 中的接口被调用时，Feign 通过 JDK 的动态代理机制来生成 RequestTemplate。
- 请求模板构建：RequestTemplate 中包含了请求的所有必要信息，例如请求参数、请求 URL 等。

- **请求处理**: RequestTemplate 根据传入的参数生成具体的 Request 对象，然后将该 Request 对象交给 FeignClient 进行处理。FeignClient 默认使用 JDK 的 HTTPUrlConnection，但也可以选择使用其他 HTTP 客户端，如 OKhttp、Apache 的 HTTPClient 等。
- **负载均衡调用**: 最后，FeignClient 封装成 LoadBalanceClient，结合 Ribbon 进行负载均衡，从而发起调用。

通过此方式，Feign 显著简化了 HTTP 客户端的开发流程，大幅提升了开发效率。它让开发者能够更为专注于业务逻辑的达成，而无须深陷于处理 HTTP 通信的细节之中。

6.2 Feign 的使用

在理解了 Feign 的基本概念与工作原理之后，接下来便要学习 Feign 的具体运用。本节将讲述如何将 Feign 融入项目中，内容包括 Feign 的自定义配置、运用 Feign 实现微服务之间的相互调用、Feign 的拦截器与编解码器以及异常返回的处理方式等。

6.2.1 使用 Feign 调用服务

在开始之前，请确保完成以下准备工作：

（1）手动创建父工程 0601-spring-cloud-feign，确保引入了 Spring Boot 和 Spring Cloud 等必要的组件。

（2）创建以下三个模块：注册中心 eureka-server、服务提供者 feign-provider 以及服务 feign-consumer。如果你之前已经创建过这些模块，可以复用它们。如果需要，也可以将原先的项目复制过来并进行相应的修改。

准备工作完成后，接下来我们将演示如何使用 Feign 进行微服务间的接口调用。

步骤01 添加依赖。

修改服务提供者 feign-consumer 的项目 pom.xml 文件，增加 Feign 的依赖。示例代码如下：

```xml
<dependency>
    <groupId>org.springframework.cloud</groupId>
    <artifactId>spring-cloud-starter-openfeign</artifactId>
</dependency>
```

步骤 02 修改服务提供者 feign-consumer 的项目启动类 SpringbootApplication，为启动类加上 @EnableFeignClients 注解和@EnableDiscoveryClient 注解。示例代码如下：

```
@SpringBootApplication
@EnableEurekaClient
@EnableFeignClients
public class ConsumerServiceApplication {
    public static void main(String[] args) {
            SpringApplication.run(ConsumerServiceApplication.class, args
        );
    }
}
```

步骤 03 修改服务消费者 feign-consumer 模块，使用@FeignClient 注解创建 Feign 调用客户端 UserFeignClient。示例代码如下：

```
@FeignClient(value = "SERVICE-PROVIDER")
public interface UserFeignClient {

    @GetMapping("/getUserList")
    public List<User> getUserList();
}
```

上面的示例中，使用 @FeignClient 注解定义了 UserFeignClient 接口，参数 SERVICE-PROVIDER 为服务提供者的服务名。

步骤 04 使用 FeignClient 调用服务接口。

修改服务消费者 feign-consumer 模块，在 OrderController 中注入之前定义的 FeignClient 客户端。示例代码如下：

```
@RestController
public class OrderController {
    @Autowired
    private UserFeignClient userFeignClient;

    @RequestMapping("/getUserList")
    public List<User> getUserList(){
        return userFeignClient.getUserList();
    }
}
```

上面的示例是 FeignClient 的简单使用。一旦声明了 FeignClient 对象后直接使用即可。

步骤 05 验证测试。

首先，分别启动 eureka-server 注册中心、服务消费者 feign-consumer 和服务提供者

feign-provider 实例；然后，在浏览器中请求 http://localhost:8081/getUserList 地址，结果如图 6-3 所示。这样可以验证接口能否正常返回。

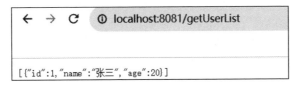

图 6-3　Feign 请求结果

通过上面的示例可以看到，使用 Feign 之后，我们在调用其他微服务时，变得非常简单便捷，简直就和调用本地方法一样轻松。

6.2.2　@FeignClient 注解参数

@FeignClient 是 Feign 的核心注解，用于定义一个 Feign 客户端，以便与远程服务进行通信。

如果查看源码，就会发现@FeignClient 注解被@Target(ElementType.TYPE)修饰，表示@FeignClient 注解的作用目标是在接口上。@FeignClient 注解的常用属性如表 6-1 所示。

表 6-1　@FeignClient 注解的常用属性

属 性 名	默 认 值	作　　用
value/name	必填参数	用于指定目标服务的名称，可以使用 value 或者 name 来设置
serviceId	可选参数	服务 id，作用和 name 属性相同
url	可选参数	用于指定目标服务的 URL 地址。如果知道目标服务的确切地址，可以直接使用该参数进行指定，一般用于调试
path	可选参数	用于指定客户端请求的基本路径。如果目标服务的 API 具有公共的基础路径，可以通过该参数指定，这样在定义请求方法时就可以省略公共路径的部分
decode404	可选参数	配置响应状态码为 404 时是否应该抛出 FeignExceptions
configuration	可选参数	用于指定 Feign 客户端的配置类。可以通过此参数指定一个配置类，以对 Feign 客户端进行自定义配置，例如设置编码器、解码器、日志级别等
fallback	可选参数	指定当 Feign 客户端请求失败时的回退处理逻辑。可以直接指定回退处理的类，该类必须实现@FeignClient 标记的接口，用于定义请求失败后的处理方式

6.2.3 Feign 的自定义配置

Feign 可以通过自定义配置的方式来覆盖默认配置，以满足不同的需求。常见的自定义配置包括日志级别、编码器（Encoder）、解码器（Decoder）、支持的注解格式、失败重试机制等。Feign 的自定义配置如表 6-2 所示。

表6-2 Feign的自定义配置

类　　　型	作　　用	说　　　明
feign.client.config.default.connectTimeout	连接超时	指定建立连接的超时时间。例如，设置为 5 秒
feign.client.config.default.readTimeout	读取超时时间	指定从连接建立后读取数据的超时时间
feign.Logger.Level	修改日志级别	包含 4 种不同的级别：NONE、BASIC、HEADERS 和 FULL
feign.codec.Decoder	响应结果的解析器	对 HTTP 远程调用的结果进行解析，例如解析 JSON 字符串为 Java 对象
feign.codec.Encoder	请求参数编码	将请求参数编码，以便通过 HTTP 请求发送
feign.Contract	支持的注解格式	默认支持 Spring MVC 的注解格式
feign.Retryer	失败重试机制	请求失败时的重试机制。默认情况下不启用，但结合 Ribbon 可以实现重试

配置 Feign 的方式有两种：配置文件方式和 Java 代码方式。配置文件就是修改项目的 application.properties 配置文件；Java 代码方式则是创建自定义的@Bean 覆盖默认 Bean。下面通过自定义日志级别演示 Feign 的自定义配置。

1. 配置文件方式

修改 application.properties 文件，增加 feign.client.config.default.loggerLevel 配置。示例代码如下：

```
#这里用default就是全局配置，如果是写服务名称，则是针对某个微服务的配置
feign.client.config.default.loggerLevel=basic
```

在上面的代码中，default 表示全局配置，如果是写服务名称，则是对某个特定微服务的配置。

2. Java 代码方式

前面介绍了@FeignClient 注解的相关属性，我们可以通过 configuration 属性自定义额外的配置来控制 Feign 客户端。创建一个 MyConfiguration 类并修改日志级别，示例代码如下：

```
/**
```

```
 * feign 客户端的自定义配置
 */
public class MyConfiguration {
    @Bean
    public Logger.Level feignLogLevel(){
        return Logger.Level.BASIC;          // 日志级别为 BASIC
    }
}
```

在上面这个示例中，Feign 客户端在 MyConfiguration 中的配置比配置文件的级别高，如果定义了 configuration 属性，将会覆盖配置文件中的配置。

如果要使 MyConfiguration 配置类全局生效，将其放到启动类的@EnableFeignClients 这个注解中：

```
@EnableFeignClients(defaultConfiguration = MyConfiguration.class)}
```

如果只是对某个 Feign 客户局部生效，则把它放到对应的@FeignClient 这个注解中即可：

```
@FeignClient(value = "SERVICE-PROVIDER",configuration = MyConfiguration.class)
public interface UserFeignClient {
```

6.3　Feign 的拦截器、编解码器和异常处理

6.2 节学习了 Feign 的使用，Feign 提供了自定义拦截器（Interceptor）、编码器（Encoder）和解码器（Decoder）的功能，以便在请求过程中进行自定义操作。本节将逐一介绍 Feign 的拦截器、编解码器和异常处理。

6.3.1　Feign 的拦截器

Feign 的拦截器接口为 feign.RequestInterceptor，我们可以通过实现该接口来定义自己的拦截器。拦截器可以在每个请求发送之前或之后对请求进行修改或添加额外的信息。示例代码如下：

```
public class MyInterceptor implements RequestInterceptor {

    @Override
    public void apply(RequestTemplate template) {
        // 在请求发送之前，对请求进行修改或添加额外的信息
        template.header("Authorization", "Bearer token");
    }
}
```

6.3.2　Feign 的编码器

Feign 的编码器接口为 feign.codec.Encoder，通过实现该接口来定义自己的编码器。编码器用于将 Java 对象转换为请求的内容。示例代码如下：

```java
public class MyEncoder implements Encoder {

    private final Encoder delegate;

    public MyEncoder() {
        this.delegate = new SpringFormEncoder();
    }

    @Override
    public void encode(Object object, Type bodyType, RequestTemplate template)
throws EncodeException        {
        // 自定义编码逻辑
        // 省略
        delegate.encode(object, bodyType, template);
    }
}
```

6.3.3　Feign 的解码器

Feign 的解码器接口为 feign.codec.Decoder，通过实现该接口来定义自己的解码器。解码器用于将响应内容转换为 Java 对象。示例代码如下：

```java
public class MyDecoder implements Decoder {

    private final Decoder delegate;

    public MyDecoder() {
        this.delegate = new GsonDecoder();
    }

    @Override
    public Object decode(Response response, Type type) throws IOException,
DecodeException, FeignException {
        // 自定义解码逻辑
        // 省略
        return delegate.decode(response, type);
    }
}
```

6.3.4　Feign 的异常处理

我们在使用 Feign 进行远程调用时，如果服务提供者的接口出现异常，客户端需要进行异常捕获，把异常信息返回给前端。这就需要使用 Feign 的 ErrorDecoder 进行统一异常处理（如果使用 Hystrix 熔断，则可以使用 Hystrix 统一处理错误，第 7 章会介绍）。示例代码如下：

```java
public class MyErrorDecoder implements ErrorDecoder {
    private final ErrorDecoder defaultErrorDecoder = new Default();

    @Override
    public Exception decode(String methodKey, Response response) {
        System.out.println("MyErrorDecoder");
        if (response.status() == 500) {
            return new Exception("Bad Request Exception");
        }
        return defaultErrorDecoder.decode(methodKey, response);
    }
}
```

在上面的示例中，当 FeignClient 在调用远程接口时，如果返回的 HTTP 响应状态码为 500，就会抛出异常。如果返回的状态码不是 500，就会使用默认的错误解析器将 HTTP 响应转换为 Feign 的异常。

6.4　实际工程中的 Feign 实践

上一节学习了 Feign 的使用，涵盖 Feign 的配置、参数传递、编解码器和拦截器等方面。那么，在实际的工程应用中，又是如何使用 Feign 的呢？有哪些最佳开发实践可以遵循呢？本节将逐一进行介绍。

6.4.1　超时设置

Feign 的超时设置包括连接超时和读取超时。在 Spring Cloud 中，可通过配置来设置 Feign 客户端的超时时间。

全局配置可在 application.properties 或 application.yml 文件中进行设置。例如，设置所有 Feign 客户端的连接超时时间为 5000 毫秒、读取超时时间为 5000 毫秒，示例如下：

```
feign.client.config.default.connectTimeout=5000
feign.client.config.default.readTimeout=5000
```

若要为特定的 Feign 客户端设置超时时间，可将 default 替换为该客户端的名称，然后设置相应的超时时间。

6.4.2 开启日志

当我们遇到诸如接口调用失败、参数未接收等问题，或者需要查看调用性能时，便需要配置 Feign 的日志，从而使 Feign 能够输出请求信息。

Feign 支持全局日志配置和针对特定的 Feign 客户端进行配置。

（1）在 application.yml 中进行全局配置：

```
feign:
  client:
    config:
      default:
        loggerLevel: full
```

（2）针对特定的 Feign 客户端进行配置，只需要把 default 改成对应的 FeignClient 即可：

```
feign:
  client:
    config:
      UserFeignClient:
        loggerLevel: full
```

6.4.3 使用 OKHttp3 提升性能

Feign 默认使用 JDK 原生的 HttpURLConnection 来发送 HTTP 请求，但其性能在一些高并发场景下或许不太理想。而 OkHttp3 是一个性能出色的 HTTP 客户端库，其性能通常优于 JDK 自带的 HttpURLConnection。通过将 Feign 与 OkHttp3 结合使用，能够提升 Feign 的性能和可靠性。因此，在大多数情况下，可以使用 OkHttp3 来取代默认的 HTTP 组件。此外，OkHttp 的配置过程也较为简单。

下面演示 OkHttp3 的使用，具体操作方法如下：

（1）添加依赖：在项目的 pom.xml 文件中添加 feign-okhttp 的依赖，示例代码如下：

```
<dependency>
    <groupId>io.github.openfeign</groupId>
    <artifactId>feign-okhttp</artifactId>
</dependency>
```

（2）开启 OkHttp3：在配置文件（如 application.yml 或 application.properties）中添加相应的配置来启用 OkHttp3。例如，在 application.yml 中添加：

```
feign.okhttp.enabled=true
```

（3）根据项目需求进一步配置 OkHttp3 的参数，如连接超时时间、读超时时间、写超时时间、连接池大小等。

```
@Configuration
public class OkHttpConfig {

    @Bean
    public OkHttpClient okHttpClient() {
        return new OkHttpClient.Builder()
                // 设置连接超时
                .connectTimeout(10, TimeUnit.SECONDS)
                // 设置读超时
                .readTimeout(10, TimeUnit.SECONDS)
                // 设置写超时
                .writeTimeout(10, TimeUnit.SECONDS)
                // 是否自动重连
                .retryOnConnectionFailure(true)
                .connectionPool(new ConnectionPool(10, 5L, TimeUnit.MINUTES))
                .build();
    }
}
```

通过以上步骤，Feign 就会使用 OkHttp3 来发送 HTTP 请求，从而利用 OkHttp3 的优势，如连接池管理、请求和响应拦截器、请求重试、缓存等，提高 Feign 的性能和可靠性。

6.4.4　开启 GZIP 压缩

Feign 支持对请求和响应进行 GZIP 压缩，以提高通信效率。开启 GZIP 压缩的方式非常简单，修改 application.yml 配置文件即可。application.yml 的具体配置信息如下：

```
#GZIP 配置
feign.compression.request.enabled=true
feign.compression.request.mime-types=text/xml,application/xml,application/json
feign.compression.request.min-request-size=10
feign.compression.response.enabled=true
```

6.5　本章小结

Feign 作为 Spring Cloud 微服务架构中的重要组件之一，为服务调用提供了一种便捷和可靠的方式。使用 Feign 可以简化服务调用的代码和配置，从而提高系统的可扩展性和性能，确保微服务间能够有效地相互调用。

本章首先介绍了 Feign 的概念及其工作原理，阐述了选择 Feign 作为服务调用工具的原因。接着，详细阐述了如何使用 Feign 进行服务调用，包括 Feign 注解的使用和配置方法。最后，本章介绍了在实际项目中使用 Feign 的一些最佳实践，以帮助读者更好地掌握和应用 Feign。

通过本章的学习，读者应能够掌握使用 Feign 进行服务调用的基本技能，学会如何通过 Feign 注解定义服务接口和调用方法，以及如何配置 Feign 客户端，实现服务的高效调用。

6.6　本章练习

（1）自定义 Feign 的超时时间等配置。
（2）自定义 Feign 的配置拦截器和异常处理器。

第 7 章

Hystrix 的限流、降级和熔断

本章将详细介绍 Hystrix。Hystrix 是一种用于实现容错处理和服务降级的工具。本章的内容涵盖 Hystrix 的基本概念、使用方法、配置方法、扩展机制、限流和降级策略，以及熔断和恢复机制等关键知识点。通过本章的学习，读者将能够理解如何利用 Hystrix 来增强微服务架构的稳定性和可靠性，并提升系统的弹性和容错能力。

7.1　Hystrix 简介

本节首先介绍服务雪崩效应的概念，然后阐述什么是 Hystrix，并介绍 Hystrix 的功能特性与运行机制，最后解读服务的限流降级和熔断。

7.1.1　什么是服务雪崩效应

在学习 Hystrix 之前，我们需要明白一个概念：服务雪崩效应。

服务雪崩效应是指在分布式系统中，由于某个服务不可用或响应延迟，导致大量请求阻塞在该服务上。这些阻塞的请求又占用了系统资源，使得其他依赖于该服务的服务无法正常处理请求，从而引发一系列的服务故障，最终像雪崩一样导致整个系统崩溃。

例如，在一个微服务架构中，如果服务 A 依赖于服务 B，而服务 B 出现故障或响应缓慢，服务 A 对服务 B 的大量请求就会堆积。这不仅会影响服务 A 的性能，还可能导致服务 A 无法响应其他请求。同时，依赖服务 A 的其他服务也会受到牵连，最终可能导致整个系统的服务都无法正常工作，如图 7-1 所示。

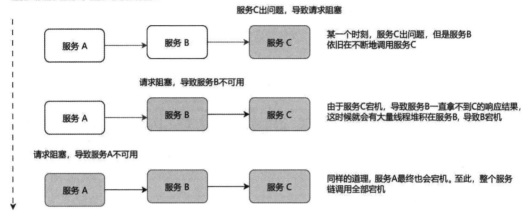

图 7-1 微服务崩溃示意图

服务雪崩效应会严重影响系统的稳定性和可靠性。因此，在设计分布式系统时，需要采取一系列措施来预防和应对这种情况，如服务熔断、服务降级、限流等。

提 示
为何大量请求阻塞会致使服务崩溃？ 原因是 Tomcat 的线程池数量是固定的。当大量请求被阻塞时，会把 Tomcat 的线程池资源耗尽，使得其他请求无法得到正常响应，进而导致服务不可用。并且，众多的阻塞线程会占用大量服务器资源，一旦服务器资源消耗殆尽，系统服务就会崩溃。

7.1.2　什么是 Hystrix

服务雪崩效应是一种非常可怕的现象，它类似于多米诺骨牌效应，一个微服务发生故障可能引发链路上其他相关微服务连续崩溃，最终导致整个平台系统的崩溃。因此，我们迫切需要一种工具来解决这个问题：将故障控制在微服务的内部，防止其向外扩散，确保系统平台的其他服务能够正常运行。正是在这样的需求下，Hystrix 应运而生。

Hystrix 是由 Netflix 开源的一款组件，专门用于处理分布式系统中的延迟和容错问题。它可以帮助开发人员控制分布式系统之间的交互，提高系统的可靠性和弹性，是微服务架构中的关键组件之一。

Hystrix 被设计用于实现以下功能：

● 保护系统免受过度延迟和依赖失败的影响。

- 防止在复杂的分布式系统中发生级联失败。
- 确保系统能够快速失败并迅速恢复。
- 实现回退机制和优雅降级，以维持服务的可用性。
- 提供近乎实时的监控、警报和操作控制功能。
- 提供保护和控制过度的延迟和依赖失败。
- 在复杂的分布式系统中防止级联失败。
- 使失败快速结束和快速恢复。
- 回退和尽可能优雅地降级。
- 提供近乎实时的监控、警报和操作控制。

Hystrix 通过断路器模式、线程池隔离、请求缓存以及请求合并来保护系统免受故障和延迟的影响。此外，Hystrix 还提供了实时监控和报告功能，这可以帮助开发人员及时发现和解决系统中的问题。

在日益增长的微服务系统中，Hystrix 的作用至关重要，它能够防止单个服务故障引发的连锁反应，避免其他服务也出现故障，从而增强整个系统的稳定性。

7.1.3　Hystrix 的功能特性

Hystrix 旨在通过隔离服务之间的调用，为每个依赖服务分配资源并限制其并发访问，包括处理调用失败和实现服务降级等方式，来提高系统的弹性和容错能力。

具体来说，Hystrix 具有以下主要特点和功能：

- 服务隔离：通过线程池隔离以及信号量隔离的方式，把依赖服务的调用隔离在单独的资源中，避免一个服务的故障影响其他服务的调用。
- 容错处理：处理调用延迟和调用失败的情况，提供例如超时机制、断路器机制等多种容错机制。
- 服务降级：当服务出现故障以及响应超时等异常情况时，能够返回一个预先设定的默认值或执行降级逻辑，以确保系统的基本功能可用。
- 监控和指标：提供丰富的监控指标，帮助开发人员和运维人员了解服务的运行状况和性能指标。

通过使用 Hystrix，可以增强分布式系统的稳定性和可靠性，确保系统在面对各种故障场景时能够继续提供一定程度的服务。

7.1.4 什么是服务的限流、降级和熔断

前面介绍了服务雪崩效应的概念及其可能导致的严重后果。Hystrix 作为一种服务容错的解决方案。它是如何应对服务雪崩的呢？

这里就不得不提到三个核心的概念：限流、降级和熔断。通过限流、降级和熔断等措施，将故障控制在单个微服务的层面，即使某个功能暂时不可用，也能确保整个平台的稳定性和可用性。这种做法类似于将局部的故障隔离，以保护整个系统的运行。

1. 限流

限流是控制服务请求流量的一种方法，目的是防止系统因处理过多请求而崩溃。通过设定一个请求阈值，超过该阈值的请求将被系统拒绝或延迟处理，以此来保证系统的稳定性和可靠性。

2. 降级

降级是一种在系统面临异常或高负载情况下采取的策略，根据当前的业务需求和并发情况，临时关闭一些非关键功能或资源密集型功能，以确保核心任务的正常运行。通过降级，可以减轻系统的负载，避免因资源耗尽而导致的系统崩溃。

3. 熔断

熔断是防止服务雪崩的一种有效策略。当服务在指定时间窗口内的请求失败率达到预设阈值时，系统将通过断路器暂时中断对该服务的访问，以此避免连锁故障的发生。例如，如果服务 B 在调用服务 C 的过程中，在某个时间窗口内失败率达到了 50% 以上，系统会自动断开服务 B 与服务 C 之间的请求，防止服务雪崩现象的发生。熔断器会持续监控服务状态，一旦服务的错误率或响应时间超过设定阈值，就会触发熔断机制，暂时拒绝进一步的请求，直至服务恢复正常。

7.2 Hystrix 的设计原理

知其然，更需知其所以然。在 7.1 节中，我们介绍了 Hystrix 的基本概念与功能特性，涵盖服务降级、服务熔断和限流等概念。那么，Hystrix 究竟是怎样运作的呢？它的工作原理是什么？其隔离、熔断机制又是如何设计的？本节将会对这些问题进行详尽的阐述。

7.2.1 Hystrix 的工作流程

Hystrix 是一个用于处理分布式系统中的容错和控制故障的库，它内部的工作流程和运

行机制如图 7-2 所示。

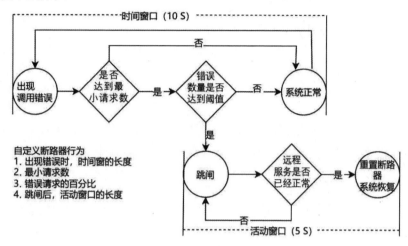

图 7-2 Hystrix 的工作原理

我们可以将 Hystrix 的工作流程概括为以下几个步骤：

（1）当服务调用出现错误时，Hystrix 会启动一个时间窗口（默认为 10 秒）来监控服务的健康状况。

（2）在时间窗口内，如果错误请求的数量没有达到预设的阈值，Hystrix 将重置统计信息，并重新开始监控，回到（1）并重新计时。

（3）如果错误请求的数量达到了阈值，Hystrix 将触发跳闸机制，暂时中断对该服务的请求，进入"断开"状态。

（4）在跳闸状态下，Hystrix 会等待一段时间（默认 5 秒），然后允许一个请求尝试通过，以检测服务是否已经恢复正常。

（5）如果这个尝试请求成功，说明服务可能已经恢复，Hystrix 将重置断路器状态，并重新开始监控服务调用，回到（1）。

（6）如果尝试请求失败，Hystrix 将继续维持跳闸状态，并在下一个检测周期（默认 5 秒后）再次尝试。

（7）在时间窗口内，Hystrix 还会统计调用次数是否达到最小请求量的要求。如果没有达到最小请求量，即使所有请求都失败，Hystrix 也会重置统计信息，并重新开始监控。

（8）如果在时间窗口结束时，统计结果显示失败的请求数占总请求数的百分比达到了预设的阈值，Hystrix 将继续维持跳闸状态。

通过这种方式，Hystrix 可以有效地防止因单个服务的故障而导致的连锁反应，提高整个系统的稳定性和可靠性。

7.2.2 Hystrix 的熔断设计

Hystrix 的熔断是一种用于保护分布式系统的机制，旨在防止某个依赖服务的故障引发整个系统的级联故障。当对某个服务的调用失败率达到一定阈值，或者响应时间超过设定的阈值时，Hystrix 会将该服务的熔断器打开。在熔断器打开的状态下，后续对该服务的调用会立即返回失败，而不会真正去执行实际的服务调用，从而快速释放资源，避免大量请求阻塞和资源浪费。

Hystrix 使用无锁循环队列计数。每个熔断器默认维护 10 个 bucket，每 1 秒一个 bucket，每个 bucket 记录请求的成功、失败、超时、拒绝等状态。当错误超过一定比例（默认 50%）且在一定时间内（默认 10 秒内超过 20 个请求）时，熔断器会进行中断拦截，即打开熔断状态。

具体来说，Hystrix 会统计在特定时间窗口内的请求情况。如果在这个时间窗口内，失败请求的数量占总请求数量的比例超过阈值，并且总请求数量也达到了设定的最小数量，就会触发熔断。

例如，在默认配置下，如果 10 秒内有超过 20 个请求，并且其中失败的请求超过 50%，那么熔断器就会打开，后续的请求将直接返回失败，而不会真正去执行实际的服务调用，从而快速释放资源，避免大量请求阻塞和资源浪费。

经过一段时间后，熔断器会进入半开状态，允许少量请求通过以探测服务是否恢复正常。如果这些试探性请求成功，并且错误率低于阈值，则熔断器恢复到关闭状态，正常处理请求；如果试探请求失败或错误率仍然过高，则重新回到打开状态。

7.2.3 Hystrix 的隔离设计

我们知道，默认情况下 Tomcat 只有一个线程池维护所有的服务接口，如果有大量请求访问同一个接口，就会达到 Tomcat 线程池默认的极限，导致其他功能无法访问。这就是前面介绍的服务雪崩效应。

Hystrix 采用舱壁模式实现服务隔离机制，通过线程池实现资源隔离。Hystrix 提供了两种服务隔离机制：线程池隔离模式和信号量隔离模式。

- 线程池隔离模式：为每个依赖服务分配独立的线程池。当请求到达时，Hystrix 会在对应的线程池中执行请求。这样，即使某个服务变得缓慢或不可用，也不会阻塞其他服务的线程，实现了故障的隔离。该模式提供了严格的资源控制，因为每个依赖的并发请求量受到线程池大小的硬性限制。此外，由于线程之间相互独立，一个服务的异常不会直接影响其他服务的线程。

- 信号量隔离模式：信号量是一种计数器，用于限制同时访问特定资源的线程数量。Hystrix 使用信号量来控制对依赖服务的并发请求数。当请求到达时，会先尝试获取信号量许可，获取成功则执行，否则执行降级逻辑或直接拒绝请求。相比于线程池，信号量的开销更低，因为它不涉及线程的创建和销毁，适用于那些非阻塞、轻量级的服务调用，可以更高效地利用系统资源。

线程池隔离和信号量隔离作为 Hystrix 中的两种服务隔离机制，它们各自有着不同的特点、优势和不足。下面将从几个关键维度对比这两种隔离机制的区别，如表 7-1 所示。

表7-1　线程池隔离和信号量隔离的区别

比 较 项	线程池隔离	信号量隔离
线程	与调用线程不相同的线程	与调用线程相同的线程
开销	排队、调度、上下文开销等	无线程切换，开销低
异步	支持	不支持
并发支持	支持（最大线程池大小）	支持
是否支持超时	支持	不支持
是否支持熔断	支持	支持
是否支持限流	支持	支持

通过二者的对比，可以发现信号量隔离适用于业务逻辑比较复杂的访问，而线程池隔离模式的适用性比较普遍，特别是对于对外的服务访问。

7.2.4　Hystrix 的超时机制设计

Hystrix 的超时机制是非常重要的特性，可以帮助应用程序在调用外部依赖服务时，避免因为长时间等待响应而导致的资源浪费和性能问题。

Hystrix 的超时机制是通过设置命令执行的超时时间来实现的。在执行命令时，如果命令执行的时间超过了设置的超时时间，Hystrix 会将该命令标记为超时，并执行超时处理逻辑。这个超时时间可以根据不同的业务需求进行调整。超时机制的实现原理如下。

步骤01 设置超时时间：在使用 Hystrix 执行一个外部依赖服务的调用时，可以通过配置设定一个超时时间。这个超时时间表示等待外部服务响应的时间上限。

步骤02 超时控制：当发起一个外部服务调用后，Hystrix 会启动一个计时器来监控调用的执行时间。如果在超时时间内没有收到响应，Hystrix 会中断该调用，并触发相应的处理逻辑。

步骤03 超时处理：当一个调用超时时，Hystrix 会根据配置的策略进行相应的处理。常见的处理方式包括返回一个默认值、执行降级逻辑、触发熔断等。

通过 Hystrix 的超时机制，可以有效地控制外部服务调用的响应时间，避免因为长时间等待而导致的资源浪费和性能问题。同时，超时机制也可以帮助应用程序更好地处理外部服务不可用或响应慢的情况，提高系统的稳定性和可靠性。

需要注意的是，超时机制只是 Hystrix 提供的一种容错机制，它并不能解决所有的问题。在实际应用中，还需要综合考虑其他因素，如线程池大小、资源限制、熔断策略等，来实现更全面的容错和弹性设计。

7.3 Hystrix 的使用

7.2 节阐述了 Hystrix 的工作流程以及设计原理，这些内容初看起来或许稍显枯燥和难以理解，但却是掌握 Hystrix 的核心要点。接下来，将会学习在项目中运用 Hystrix，涵盖 Hystrix 的基础配置、常用注解以及其与 Feign 结合使用等方面。

7.3.1 Hystrix 的常用注解

Hystrix 提供了丰富的注解和配置参数，这可能让初学者感到配置项繁多且难以区分其重要性。为了帮助初学者更好地理解和使用 Hystrix，接下来将详细介绍 Hystrix 中各个注解和配置项的基本定义及其使用方法。各个注解和配置项的基本定义如表 7-2 所示。

表7-2 Hystrix的常用注解和作用

注解名称	使用位置	作　　用
@EnableHystrix	类	用于启用 Hystrix 相关的功能，包括服务熔断、服务降级、线程隔离等一系列的容错和保护机制
@EnableHystrixDashboard	类	用于开启 Hystrix 仪表盘的可视化数据监控
@HystrixCommand	方法	用于标记需要使用熔断、降级、限流等功能的方法
@HystrixProperty	方法	与@HystrixCommand 一起使用，用于更精细地配置命令的属性
@HystrixIgnore	方法	用于标记某些方法不需要进行熔断、降级、限流等处理

表 7-2 中的注解为 Hystrix 提供的全部注解。其中最常用、最核心的是@HystrixCommand 注解。

1. @EnableHystrix 注解

@EnableHystrix 注解是启用 Spring Cloud 框架中用于启用 Hystrix 功能的重要注解。当在配置类或主启动类上添加@EnableHystrix 注解后，Spring Cloud 框架就会知道要在当前项目中启用 Hystrix 所提供的容错和保护机制，例如服务熔断、服务降级、线程隔离等。具体用法可以参见以下代码：

```
@SpringBootApplication
@EnableEurekaClient
@EnableHystrix //开启熔断
public class ConsumerServiceApplication {
    public static void main(String[] args) {
            SpringApplication.run(ConsumerServiceApplication.class, args
        );
    }
}
```

2. @EnableHystrixDashboard 注解

@EnableHystrixDashboard 注解和@EnableHystrix 注解的作用类似，也可以理解为它是一个开关，用来控制在项目中是否使用 HystrixDashboard 服务监控台，如果声明了该注解，则表示使用 HystrixDashboard 服务监控台，否则不使用 HystrixDashboard 服务监控台。

@EnableHystrixDashboard 注解同样是作用在类上的注解，和@EnableHystrix 注解不同的地方在于，该注解不是使用 Hystrix 必须声明的注解，即在项目中可以只使用 Hystrix 的功能特性，不使用它的 Dashboard 服务监控台，使用方法如下：

```
@EnableHystrixDashboard
public class DemoApplication {
    public static void main(String[] args) {
        SpringApplication.run(DemoApplication.class, args);
    }
}
```

3. @HystrixCommand 注解

@HystrixCommand 注解是 Hystrix 最核心的注解，用于标记需要使用熔断、降级、限流等功能的方法，可以用在方法或类上。如果用在方法上，只会对该方法进行相关处理；如果用在类上，则类中的所有方法都会进行相同的处理。该注解的常用属性如表 7-3 所示。

表7-3　HystrixCommand注解的常用属性

属性名称	属性类型	默 认 值	作 用
fallbackMethod	String	空字符串	配置服务容错机制
defaultFallback	String	空字符串	配置默认服务容错机制
threadPoolKey	String	空字符串	配置线程池隔离策略
threadPoolProperties	HystrixProperty[]	空数组	配置线程池详细策略

在了解这些属性之后，就可以使用@HystrixCommand 注解来配置 Hystrix 的功能特性了。具体用法如下：

```
    @HystrixCommand(fallbackMethod = "getUserFallback", commandKey = "getUser",
groupKey = "user", threadPoolKey = "userThreadPool")
    @GetMapping("/user/{id}")
```

```
public User getUser(@PathVariable Long id) {
    return userService.getUser(id);
}


public User getUserFallback(Long id, Throwable e) {
    // 处理熔断逻辑
    return new User();
}
```

7.3.2 使用@HystrixCommand 注解实现服务容错

本小节将通过示例演示如何使用@HystrixCommand 注解实现服务熔断。在开始之前，请确保完成以下准备工作：

（1）手动创建父工程 0701-spring-cloud-hystrix，确保引入了 Spring Boot 和 Spring Cloud 等组件。

（2）创建以下三个模块：注册中心 springcloud-eureka-server、服务提供者 springcloud-service-provider 以及服务消费者 springcloud-service-consumer。如果你之前已经创建过这些模块，可以复用它们。如果需要，也可以将原先的项目复制过来并进行相应的修改。

项目工程创建完后，接下来开始演示服务消费者 eureka-consume 使用 Hystrix 的熔断、降级等功能。

步骤01 添加 Hystrix 依赖。

在服务消费者 service-consumer 模块，修改项目中的 pom.xml 文件，添加 Hystrix 依赖。示例代码如下：

```
<!-- Spring Cloud Hystrix 依赖 -->
<dependency>
    <groupId>org.springframework.cloud</groupId>
    <artifactId>spring-cloud-starter-netflix-hystrix</artifactId>
<pendency>
```

步骤02 启动 Hystrix 熔断。

在服务消费者 service-consumer 模块，修改启动类 ConsumerServiceApplication，增加 @EnableHystrix 注解开启熔断。示例代码如下：

```
@SpringBootApplication
@EnableEurekaClient
@EnableHystrix //开启熔断
public class ConsumerServiceApplication {
    public static void main(String[] args) {
            SpringApplication.run(ConsumerServiceApplication.class, args
        );
```

```
        }
    }
```

步骤 **03** 调用方法增加@HystrixCommand 注解。

在服务消费者 service-consumer 模块，修改 getUserList()方法，增加@HystrixCommand 注解，这样就实现了 getUserList 接口的熔断处理。示例代码如下：

```
@@RestController
public class OrderController {

    @Autowired
    private RestTemplate restTemplate;

    @RequestMapping(value = "hello")
    @HystrixCommand(fallbackMethod = "helloFail")
    public String hello() throws InterruptedException {
        //拼接访问服务的 URL
        String url = "http://SERVICE-PROVIDER/getUserList";
        return restTemplate.getForObject(url, String.class);
    }

    public String helloFail() {
        return "Request Failed";
    }
}
```

上面的示例使用@HystrixCommand 注解的 fallbackMethod 属性来定义当请求不能正常响应时的应急方案，fallbackMethod 属性的值就是请求不能正常响应时返回的方法，这里的 helloFail 就是方法名。

步骤 **04** 验证测试。

接下来验证 Hystrix 容错机制是否生效，分别启动 eureka-server 和 eureka-consumer 两个项目。通过浏览器访问 http://localhost:8081/hello，返回的信息如图 7-3 所示。

图 7-3　Hystrix 断路器返回的结果

从图 7-3 中可以看到，请求/hello 接口失败后并没有返回 500 的错误，而是我们提前设置的错误结果：Request Failed。这就表明，我们通过 HystrixCommand 注解的 fallbackMethod 属性配置的服务容错起作用了。

7.3.3 Hystrix 实现服务资源隔离

在前面对 Hystrix 原理的介绍中，我们了解到 Hystrix 实现服务资源隔离有两种方式，分别是线程池隔离和信号量隔离。那么，在实际的项目开发中，怎么实现资源隔离呢？

Hystrix 主要通过 execution.isolation.strategy 等配置相关属性来实现隔离。接下来，以之前的 hello 方法为例，演示如何实现资源隔离。

1. 线程池隔离

通过设置 execution.isolation.strategy 属性为 THREAD 来启用线程池隔离。同时，可以配置线程池的相关属性，如线程池的核心线程数（coreSize）、最大线程数、队列大小等。当使用线程池隔离时，每个依赖服务的调用都会在独立的线程池中执行，不会阻塞调用线程，从而避免一个服务的故障或延迟影响其他服务的调用。示例代码如下：

```
@RequestMapping(value = "hello0")
@HystrixCommand(fallbackMethod = "helloFail",
        threadPoolProperties = {
                @HystrixProperty(name = "coreSize",value = "1"),
                @HystrixProperty(name = "maxQueueSize",value = "20")
        },
        commandProperties = {
                @HystrixProperty(name = "execution.isolation.strategy", value =
"THREAD"),
                @HystrixProperty(name =
"execution.isolation.thread.timeoutInMilliseconds", value = "5000"),
                @HystrixProperty(name =
"execution.isolation.thread.interruptOnTimeout", value = "true"),
        })
public String hello0() throws InterruptedException {
    //拼接访问服务的 URL
    String url = "http://SERVICE-PROVIDER/getUserList";
    return restTemplate.getForObject(url, String.class);
}


public String helloFail() {
    return "hello Failed";
}
```

在上面的示例中，使用@HystrixCommand 注解配置了线程池隔离，包括超时时间、是否在超时时中断线程以及线程池的核心大小等。

通过添加上述注解并配置其中的属性，就可以通过线程池隔离的方式来实现服务资源隔离。

> **提　示**
>
> 线程池中的线程数量一定要根据该接口所实现的业务需求来设置，若设置过多，则会浪费资源空间，若设置过少，则不能支撑业务需要。因此，配置线程数量一定要谨慎。

2. 信号量隔离

信号量隔离和线程池隔离的方式很相似，只不过把分配线程池的方式改为了分配信号量。通过设置 execution.isolation.strategy 为 SEMAPHORE 启用信号量隔离，并通过 execution.isolation.semaphore.maxConcurrentRequests 设置最大并发请求数为 5。当并发请求数超过 5 时，后续请求将快速失败并执行回退方法 helloFail。示例代码如下：

```
@RequestMapping(value = "hello1", method = RequestMethod.GET)
@HystrixCommand(fallbackMethod = "helloFail",
        commandProperties = {
                @HystrixProperty(name = "execution.isolation.strategy", value =
"SEMAPHORE"),
                @HystrixProperty(name =
"execution.isolation.semaphore.maxConcurrentRequests", value = "5")
        })
public String hello1() throws InterruptedException {
    //拼接访问服务的 URL
    String url = "http://SERVICE-PROVIDER/getUserList";
    return restTemplate.getForObject(url, String.class);
}
```

通过添加上述配置参数，我们就可以通过信号量隔离的方式来实现服务资源隔离。

> **提　示**
>
> 一定要合理设置信号量的阈值，不要随意设定，如果阈值设置得过大，则请求不会停止；如果阈值设置得过小，则不能满足业务需要。

7.3.4　Hystrix 与 Feign 结合使用

前面的示例是在客户端调用的时候直接集成 Hystrix 来进行服务的容错的。前面讲过 OpenFeign，在实际项目中，微服务间的调用都是通过 OpenFeign 实现的。那么，这两个组件如何搭配、如何集成呢？

步骤01 添加 Hystrix 依赖。

在服务消费者 service-consumer 模块，修改项目中的 pom.xml 文件，添加 Hystrix 和 Feign

依赖。示例代码如下：

```
<!-- Spring Cloud Hystrix 依赖 -->
<dependency>
    <groupId>org.springframework.cloud</groupId>
    <artifactId>spring-cloud-starter-netflix-hystrix</artifactId>
<pendency>
<dependency>
    <groupId>org.springframework.cloud</groupId>
    <artifactId>spring-cloud-starter-openfeign</artifactId>
</dependency>
```

步骤 02 启动 Hystrix 和 Feign。

在服务消费者 service-consumer 模块，修改启动类 ConsumerServiceApplication，增加 @EnableHystrix 注解开启熔断，增加@EnableFeignClients 开启 Feign 客户端，示例代码如下：

```
@SpringBootApplication
@EnableEurekaClient
@EnableHystrix //开启熔断
@EnableFeignClients
public class ConsumerServiceApplication {
    public static void main(String[] args) {
            SpringApplication.run(ConsumerServiceApplication.class, args
        );
    }
}
```

步骤 03 修改服务消费者 service-consumer 模块，使用@FeignClient 注解创建 Feign 调用客户端 UserFeignClient。示例代码如下：

```
@FeignClient(value = "SERVICE-PROVIDER", fallback = UserFallback.class)
public interface UserFeignClient {

    @GetMapping("/getUserList")
    public List<User> getUserList();
}
```

在上面的示例中，使用 @FeignClient 注解定义了 UserFeignClient 接口，参数 SERVICE-PROVIDER 为服务提供者的服务名，fallback 为出现故障时调用回退类。

步骤 04 调用方法增加@HystrixCommand 注解。

在服务消费者 service-consumer 模块中修改 getUserList()方法，使用 FeignClient 调用。示例代码如下：

```
@RestController
```

```
public class OrderController {
    @Autowired
    private UserFeignClient userFeignClient;

    @RequestMapping("/getUserList")
    public List<User> getUserList(){
        return userFeignClient.getUserList();
    }

}
```

步骤 05 验证测试。

首先，分别启动 eureka-server 注册中心、服务消费者 service-consumer 和服务提供者 service-provider 实例；然后，在浏览器中请求 http://localhost:8081/getUserList 地址，结果如图 7-4 所示。这样即可验证接口能否正常返回。

图 7-4　Hystrix+Feign 请求熔断

7.4　Hystrix Dashboard 服务监控

在前面的章节中，全面介绍了 Hystrix 提供的微服务治理特性。理解和掌握这些特性是有效使用 Hystrix 的基础。接下来，探讨 Hystrix 提供的最后一个关键功能——数据监控。本节将对 Hystrix 自带的 Hystrix Dashboard 组件进行详细介绍，包括如何搭建和使用该平台以实现对微服务的监控和管理。

7.4.1　Hystrix Dashboard 简介

Hystrix Dashboard 是 Netflix 开源的 Hystrix 库中一个重要且强大的组件，旨在为分布式系统中的服务提供全面、实时的监控和可视化功能。在当今高度复杂和动态的微服务架构环境中，服务的稳定性和可靠性面临着诸多挑战。Hystrix Dashboard 应运而生，成为保障系统正常运行的关键工具之一。

Hystrix Dashboard 主要专注于对 Hystrix 命令的执行情况进行监控和分析。Hystrix 作为一个用于处理服务容错和隔离的库，其在保护系统免受故障和延迟传播方面发挥着重要作用。而 Hystrix Dashboard 则像是一个窗口，让开发人员和运维人员能够清晰地看到 Hystrix 命令在实际运行中的各种表现。

通过 Hystrix Dashboard，用户可以直观地了解到每个被监控服务的关键性能指标和运行状态。它不仅仅是简单的数据展示，更是对系统健康状况的深度洞察。无论是服务的请求量波动、错误率的变化趋势，还是平均响应时间的起伏，都能在 Hystrix Dashboard 中一目了然。

7.4.2　搭建 Hystrix Dashboard 监控服务

Hystrix Dashboard 是一个用于可视化监控 Hystrix 熔断器的仪表盘。它可以显示 Hystrix 的实时监控数据，比如有多少请求、多少请求成功、多少请求失败、多少请求降级等，并以图表的形式展示出来。

下面通过示例演示如何使用 Hystrix Dashboard 搭建服务监控平台。

步骤 01 添加项目依赖。

创建一个新项目 springcloud-hystrix-dashboard，并在项目中引入 hystrix-dashboard 依赖。示例代码如下：

```
<dependency>
    <groupId>org.springframework.cloud</groupId>
    <artifactId>spring-cloud-starter-netflix-hystrix-dashboard</artifactId>
</dependency>
```

步骤 02 修改启动类。

修改项目 springcloud-hystrix-dashboard 的启动类，添加@EnableHystrixDashboard 注解。示例代码如下：

```
@SpringBootApplication
@EnableHystrixDashboard
public class HystrixDashboardApplication {
    public static void main(String[] args) {
            SpringApplication.run(HystrixDashboardApplication.class, args
        );
    }
}
```

步骤 03 修改被监控服务。

修改被监控服务，增加 actuator 注解并打开监控端点，这里以 springcloud-service-consumer 服务消费者模块为例，示例代码如下：

```
<dependency>
```

```
    <groupId>org.springframework.boot</groupId>
    <artifactId>spring-boot-starter-actuator</artifactId>
</dependency>
```

修改 springcloud-service-consumer 服务消费者模块的 application.properties 系统配置文件，增加 hystrix.stream 端点。示例代码如下：

```
management.endpoints.web.exposure.include=health,info,hystrix.stream
```

步骤 04 测试验证。

经过上述配置之后，运行 springcloud-hystrix-dashboard 项目，然后在浏览器地址栏输入：http://localhost:8082/hystrix。当看到如图 7-5 所示的内容时，说明 Hystrix 微服务监控平台已经成功集成到项目中。

图 7-5　Hystrix Dashboard 启动页面

以上就是使用 Hystrix Dashboard 搭建服务监控平台的全部流程。

提　示
（1）务必确保 Hystrix Dashboard 的依赖版本与 Hystrix 的依赖版本一致，否则会因版本不兼容导致 Hystrix Dashboard 无法引入项目。 （2）使用 Hystrix 的微服务监控平台，需要至少存在两个微服务，Hystrix 不能自己监测自己。

7.4.3　使用 Hystrix Dashboard 服务监控平台

在当今复杂的分布式系统中，确保服务的稳定性和可靠性至关重要。Hystrix Dashboard 作为一款强大的服务监控工具，能够帮助我们实时洞察服务的运行状况，及时发现并解决潜在的问题。接下来，我们将详细了解如何有效地使用 Hystrix Dashboard 服务监控平台。

首先在 Hystrix Dashboard 的地址栏中输入需要监控的微服务的地址：http://localhost:8081/actuator/hystrix.stream（注意，此处应使用目标微服务的实际地址），然后单击 Monitor Stream 按钮，如图 7-6 所示。

图 7-6　Hystrix Dashboard 启动页面

进入 Hystrix Dashboard 监控页面后，可以查看对应微服务的执行情况和监控数据，如图 7-7 所示。

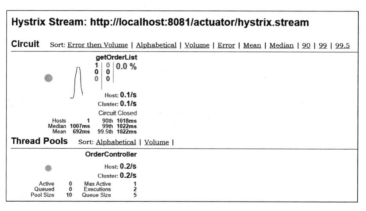

图 7-7　Hystrix Dashboard 监控页面

可以看到，整个平台内容页面被分为 Circuit 和 Thread Pools 两部分，分别表示项目熔断的监控和项目线程池的监控。

7.5　本章小结

本章首先阐述了服务雪崩效应的概念，接着介绍了 Hystrix 的基本概念、功能和作用。通过实际案例，进一步探讨了 Hystrix 的工作原理和使用方法。最后，还介绍了 Hystrix 的监控组件 Dashboard，它为 Hystrix 提供了强大的监控和可视化支持。

通过本章的学习，读者应该可以熟悉 Hystrix 的基本使用，能够使用 Hystrix 实现服务的容错处理，为进一步探索 Hystrix 的高级特性打下坚实的基础。

7.6　本章练习

Hystrix 与 Feign 结合实现微服务间的相互调用及异常处理。

第8章

构建微服务网关 Spring Cloud Gateway

本章将详尽阐述服务网关的定义、作用与优势。继而对 Spring Cloud Gateway 的概念及架构予以介绍，并讲解如何运用 Spring Cloud Gateway 来构建微服务网关。最后，还将阐述路由和过滤器的配置方式，以及扩展和调试的相关技巧等。通过本章的学习，读者将了解如何借助 Spring Cloud Gateway 实现微服务的请求路由和过滤，从而提高系统的安全性与性能。

8.1　微服务网关简介

微服务网关是微服务架构中的核心构成要素，充当着前端与后端微服务之间的中间层级。它承担着处理请求的路由、负载均衡、安全认证以及请求转发等关键性功能。本节将着重阐释微服务网关的定义、存在的必要性、核心功能以及微服务网关与传统 API 网关的差异。最后介绍当下较为流行的微服务网关产品及其各自的优缺点。

8.1.1　什么是微服务网关

微服务网关是位于微服务架构前端的关键组件，作为微服务系统的统一入口点，集中处理所有微服务的请求和响应。它作为客户端和后端微服务之间的中介，提供统一的接入点，用于执行路由、过滤、认证、授权、监控等操作，如图 8-1 所示。

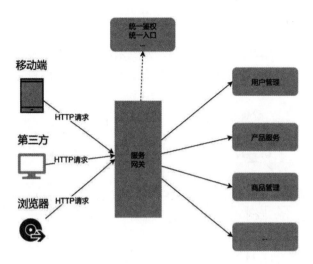

图 8-1　微服务网关示意图

微服务网关的设计目标是简化客户端与后端微服务之间的通信，并提供一些与业务逻辑无关的功能，以减轻后端微服务的负担。通过微服务网关，客户端可以通过一个统一的入口点访问多个微服务，而无须直接与每个微服务通信。这种方式可以降低客户端的复杂性，并提供更好的灵活性和可扩展性。

微服务网关的核心是所有的客户端和消费端都通过统一的网关接入微服务，它封装了微服务系统的内部架构，在微服务网关统一处理所有的非业务功能，如身份验证、监控、负载均衡、缓存、协议转换、限流熔断、静态响应处理等。通常，网关提供 REST/HTTP 的访问 API。

总之，微服务网关在微服务架构中扮演着非常重要的角色，它提供了统一的入口点和一些与业务逻辑无关的功能，简化了客户端与后端微服务之间的通信，并提供了路由转发、负载均衡、安全认证、请求过滤和转换等功能，可以帮助用户构建可扩展、高性能和安全的微服务系统。

8.1.2　为什么需要微服务网关

我们知道，在微服务架构下应用被拆分成多个微服务，如果将所有的微服务直接对外暴露，就会出现接口安全、负载均衡等方面的问题，也会严重影响服务的可扩展和伸缩性。另外，每一个微服务都面临鉴权认证、Session 处理、安全检查、日志处理等问题。如果让各个微服务都实现一遍，势必会造成代码冗余。

以权限校验为例，在微服务架构下，要实现统一的权限验证，有三种不同的实现方案：

（1）每个服务都实现权限校验的功能。

（2）将权限校验的代码抽取出来并作为公共服务，然后其他所有服务都依赖这个服务。

（3）创建统一入口服务，在此服务中增加过滤器，所有请求进行权限校验。

其实，第 3 种实现方案就是微服务网关，如图 8-2 所示。在微服务治理过程中，通常需要一个服务层，它位于接入层之下和业务服务层之上，把公共功能独立出来成为一个微服务以统一处理这些问题。

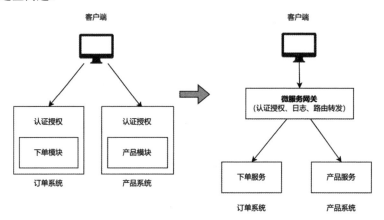

图 8-2　微服务网关

微服务网关可以作为前置代理，处理所有客户端请求，并将请求转发到后端微服务；还可以提供负载均衡、安全认证、限流熔断、日志监控等功能，帮助用户更好地管理和维护微服务。此外，微服务网关还可以简化客户端和后端微服务之间的通信，使得客户端不需要知道后端微服务的具体地址和端口，从而提高系统的可维护性和可扩展性。

综上所述，微服务网关在微服务架构中具有重要的作用。它提供了统一的入口点、路由转发和负载均衡、安全认证和授权、请求过滤和转换等功能，帮助简化客户端与后端微服务之间的通信，提高系统的可扩展性、安全性和性能，并降低了系统的耦合性。

8.1.3　微服务网关的核心功能

微服务网关在微服务架构中扮演着重要的角色，它的主要作用如图 8-3 所示。

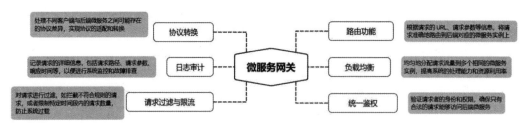

图 8-3　微服务网关的核心功能

这些核心功能使得微服务网关成为微服务架构中不可或缺的组成部分，有助于提升系统的整体性能、稳定性和安全性。

8.1.4　微服务网关与传统 API 网关的区别

前文已经介绍了微服务网关的基本概念及其核心功能。此时，或许有人会产生疑问：微服务网关与传统 API 网关听起来功能相近，它们之间究竟存在何种区别呢？事实上，微服务网关和传统 API 网关在设计原则以及功能实现方面确实存在一些关键的差异性。

- 粒度：微服务网关是基于微服务架构设计的，它的粒度更细，可以对每个微服务进行独立的路由和管理。而传统的 API 网关通常对整个应用程序的 API 进行管理。
- 功能定位：微服务网关不仅提供路由转发和负载均衡等功能，还承担了微服务架构中的其他职责，如安全认证、请求过滤、转换和聚合等。传统的 API 网关主要关注请求的路由和转发。
- 解耦性：微服务网关通过隐藏后端微服务的实现细节，实现了客户端与微服务之间的解耦，每个微服务可以独立演化和部署。而传统的 API 网关通常对整个应用程序进行管理，各个模块之间的耦合性较高。
- 灵活性：微服务网关提供了更高的灵活性，可以根据不同的路由规则将请求路由到不同的微服务实例上，实现动态的负载均衡和容错处理。传统的 API 网关通常是将请求转发到固定的后端服务。
- 性能：微服务网关的粒度更细，可以更精确地控制请求的路由和处理，从而提高系统的性能。传统的 API 网关可能需要处理更大规模的请求，性能可能相对较低。

总的来说，微服务网关相对于传统的 API 网关更适用于微服务架构，它更加灵活，粒度更细，可以提供更多的功能和更好的性能。而传统的 API 网关则更适用于传统的单体应用程序，用于对整个应用程序的 API 进行管理和控制。

8.1.5　当前流行的微服务网关

在学习微服务网关的具体实现之前，我们先从宏观层面对目前流程的网关产品有一个整体的认知。如此一来，有助于我们领会不同网关产品的设计理念、功能特点以及适用的场景。当下，市场上存在众多开源的微服务网关实现方式，它们分别具备独特的特性与优势。在众多的开源网关中，以下几种是极为常见的。

- Spring Cloud Gateway：Spring Cloud Gateway 是 Spring Cloud 生态系统中的一个组件，基于 Spring 5、Spring Boot 2 和 Project Reactor 等技术实现。它提供了路由、负

载均衡、安全认证、限流、重试等功能。

● Zuul：Zuul 是 Netflix 开源的微服务网关实现，提供了路由、负载均衡、安全认证、限流等功能。不过，由于 Netflix 已经停止维护 Zuul 1.x 版本，因此推荐使用 Zuul 2.x 版本（即 Zuul2）。

● Kong：Kong 是一个开源的微服务网关和 API 管理平台，提供了路由、负载均衡、安全认证、限流、缓存等功能。Kong 基于 Nginx 实现，可以通过插件扩展其功能。

● Nginx：Nginx 是一个高性能的 HTTP 服务器和反向代理服务器，也可用作负载平衡器、HTTP 缓存以及 IMAP/POP3/SMTP 服务器。Nginx 采用类 BSD 许可证发布，是免费且开放源代码的。它可以在大多数 UNIX/Linux 系统上编译运行，并且也有 Windows 版本。

上面介绍的微服务网关，每一种都是基于其独有的技术栈来实现的，并且在功能、性能、易用性、社区支持等方面均各有所长。为了更为直观地展现这些网关的特性，现将它们进行对比，如表 8-1 所示。

表8-1   目前流行的开源微服务网关特性对比

网关产品	限流	鉴权	监控	易用性	可维护性	成熟度
Spring Cloud Gateway	提供基础限流功能，可通过扩展满足复杂需求	支持常见的鉴权方式，配置有一定要求	提供基本监控指标，有待进一步完善	基于 Spring 生态，对熟悉者较易上手	社区活跃，文档丰富，维护较方便	较新，但发展迅速
Kong	强大的限流插件，策略灵活多样	丰富的鉴权插件，支持多种机制	全面详细的监控数据和可视化界面	配置相对复杂，学习成本较高	功能强大，但配置复杂，维护有难度	成熟且应用广泛
Zuul	限流功能需额外的组件或自定义实现	鉴权相对简单，需集成其他模块	监控功能较弱，依赖外部工具	集成在 Spring Cloud 中，使用较便利	维护相对简单，扩展较复杂	有一定成熟度
Nginx	可通过第三方模块实现限流，配置复杂	本身不提供鉴权，需结合其他模块	监控需借助第三方模块扩展	配置复杂，需要专业知识深厚	维护需专业经验	极其成熟

这些微服务网关都有各自的优势和适用场景，选择合适的网关取决于具体的需求和技术栈。在选择时，可以考虑性能要求、开发便利性、生态系统支持以及与现有技术栈的集成等因素。

8.2　使用 Spring Cloud Gateway 构建微服务网关

本节将介绍微服务网关的实现方法和技术栈，包括如何使用 Spring Cloud Gateway 实现微服务网关。同时，还将介绍微服务网关的实际应用场景和案例分析，帮助读者更好地理解微服务网关的实际应用价值。

8.2.1　Spring Cloud Gateway 简介

Spring Cloud Gateway 是 Spring Cloud 生态系统中的一个微服务网关组件，目的是替换掉 Zuul，为微服务架构提供一种简单有效的统一的 API 路由管理方式。

Spring Cloud Gateway 可以与 Spring Cloud Discovery Client（如 Eureka）、Ribbon、Hystrix 等组件配合使用，实现路由转发、负载均衡、熔断、鉴权、路径重写、日志监控等，并且 Gateway 还内置了限流过滤器，实现了限流的功能。

1. Spring Cloud Gateway 的特点

Spring Cloud Gateway 的设计目标是提供一种简单、统一的方式来处理微服务架构中的路由和过滤需求。它具有以下特点。

- 基于 Spring Framework 5 和 Project Reactor：利用 Spring Framework 5 的响应式编程模型，Spring Cloud Gateway 可以实现高性能的非阻塞 I/O 操作。
- 动态路由：Spring Cloud Gateway 支持基于各种条件的动态路由，可以根据请求的路径、参数等信息进行路由决策。
- 过滤器：提供了一系列的过滤器，可以在请求被路由前或者之后对请求进行修改，比如添加请求头、添加参数、修改请求体等。
- 集成性：Spring Cloud Gateway 与 Spring 生态系统紧密集成，可以方便地与 Spring Cloud Config、Eureka 等组件进行集成。

2. Spring Cloud Gateway 的核心模块

Spring Cloud Gateway 有 3 个核心模块：路由（Route）、断言（Predicate）和过滤器（Filter）。

- 路由：路由是网关的基本组件，由 ID、目标 URI、谓词集合和过滤器集合等组成。如果聚合谓词为 true，则匹配路由。
- 断言：这是一个 Java 8 的 Predicate，可以使用它来匹配来自 HTTP 请求的任何内容，例如 headers 或参数。断言的输入类型是一个 ServerWebExchange。
- 过滤器：可以使用过滤器拦截和修改请求，并且对上游的响应进行二次处理。它是

GatewayFilter 的一个实例。

总之，Spring Cloud Gateway 是一个功能强大、灵活可扩展的微服务网关组件，可以帮助开发者构建可靠、高性能的微服务架构。它提供了丰富的功能和灵活的扩展机制，使得开发者可以根据自己的需求定制和扩展网关的功能。

8.2.2　Spring Cloud Gateway 的工作流程

Spring Cloud Gateway 的工作流程核心在于路由转发和执行过滤器链。这一核心机制的具体运作方式如图 8-4 所示，通过清晰的图示能够直观地展现其工作流程的各个环节。

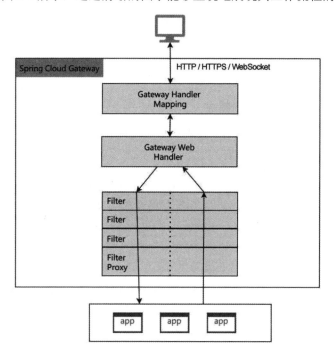

图 8-4　Spring Cloud Gateway 的工作流程

Spring Cloud Gateway 工作流程中的各个步骤说明如下：

步骤01 客户端发送请求：客户端发送 HTTP 请求到 Spring Cloud Gateway。

步骤02 路由匹配：Spring Cloud Gateway 根据配置的路由规则，对请求的 URL 进行匹配，确定应该将请求路由到哪个目标服务。

步骤03 过滤器处理：在路由之前或之后，Spring Cloud Gateway 会经过一系列的过滤器，对请求进行修改、验证、鉴权、日志记录等操作。这些过滤器可以根据需要自定义，并按照特定的顺序执行。

步骤 04 负载均衡：如果配置了负载均衡策略，Spring Cloud Gateway 会通过集成的负载均衡器（如 Ribbon）将请求分发到多个目标服务实例。

步骤 05 转发请求：Spring Cloud Gateway 将经过过滤器处理后的请求转发到目标服务。

步骤 06 目标服务处理：目标服务接收到请求后进行处理，并生成响应。然后将处理后的响应返回给 Spring Cloud Gateway。

步骤 07 过滤器处理响应：Spring Cloud Gateway 在接收到目标服务的响应后，可以对响应进行修改、处理或记录日志等。

步骤 08 响应返回客户端：Spring Cloud Gateway 将经过过滤器处理后的响应返回给客户端。

通过这样的工作流程，Spring Cloud Gateway 实现了对请求的路由、过滤和转发，同时提供了负载均衡和熔断等功能，帮助开发者构建可靠、高性能的微服务架构。开发者可以根据自己的需求配置和扩展 Spring Cloud Gateway 的功能，以满足特定的业务需求。

8.2.3　搭建 Spring Cloud Gateway 微服务网关

本小节使用 Gateway 搭建网关服务及实现动态路由，帮助读者学习如何快速搭建一个网关服务，深入了解路由的相关配置、鉴权流程及业务处理的方法。

下面是一个简单的 Spring Cloud Gateway 路由配置示例。

准备工作：在开始之前，需要创建一个名为 springcloud-gateway-server 的 gateway 模块。至于其他注册中心等微服务的创建，这里不再赘述，可以从原有的项目中复制过来。

步骤 01 在新创建 gateway 模块 springcloud-gateway-server 中，修改 pom.xml 文件，并添加 springcloudgateway 依赖。示例代码如下：

```xml
<!--gateway-->
<dependency>
    <groupId>org.springframework.cloud</groupId>
    <artifactId>spring-cloud-starter-gateway</artifactId>
</dependency>
```

步骤 02 修改启动类。

修改 springcloud-gateway-server 模块中的 GatewayServerApplication.java 启动类。示例代码如下：

```java
@SpringBootApplication
@EnableEurekaClient
public class GatewayServerApplication {
    public static void main(String[] args) {
            SpringApplication.run(GatewayServerApplication.class, args
```

```
            );
        }
    }
}
```

步骤 03 修改系统配置。

修改 application.yml 全局配置文件，增加 Gateway 的配置。示例代码如下：

```
server:
  port: 8500

spring:
  application:
    name: gateway-server
  cloud:
    gateway:
      discovery:
        locator:
          enabled: true              #开启从注册中心动态创建路由的功能，利用微服务名进行路由
        routes:
          - id: provider_routh #payment_route   #路由的 ID，没有固定规则，但要求唯一，建议
配合服务名
            uri: http://localhost:8080            #匹配后提供服务的路由地址
            #uri: lb://CLOUD-PAYMENT-SERVICE      #匹配后提供服务的路由地址
            predicates:
              - Path=/user/**                     #断言，路径相匹配的进行路由

          - id: consumer_routh #payment_route   #路由的 ID，没有固定规则，但要求唯一，建议
配合服务名
            uri: http://localhost:8081            #匹配后提供服务的路由地址
            predicates:
              - Path=/order/**                    #断言，路径相匹配的进行路由

  eureka:
    client:
      #表示是否将自己注册到 EurekaServer，默认为 true
      register-with-eureka: true
      #是否从 EurekaServer 抓取已有的注册信息，默认为 true。单节点无所谓，集群必须设置为 true
才能配合 Ribbon 使用负载均衡
      fetchRegistry: true
      service-url:
        defaultZone: http://localhost:8761/eureka/
```

步骤 04 验证测试。

启动网关服务模块，然后访问 http://localhost:8500/order/getUserList，验证网关的路由转发功能是否生效，如图 8-5 所示。

图 8-5　网关实现路由转发

可以看到，我们请求网关的地址会转发给 SERVICE-PROVIDER 服务的 http://localhost:8081/order/getUserList 地址。

8.2.4　使用 Java Bean 配置 Gateway 路由

除前面使用配置文件配置 Gateway 路由外，还可以使用 Java Bean 的方式自定义创建 Route 配置。比如：

```java
@Configuration
public class GatewayConfig {

    @Bean
    public RouteLocator customRouteLocator(RouteLocatorBuilder builder) {
        return builder.routes()
                .route("route1", r -> r.path("/order/**")
                        .uri("http://localhost:8081"))
                .route("route2", r -> r.path("/user/**")
                        .uri("http://localhost:8080"))
                .build();
    }
}
```

在上面的示例中，定义了两个路由规则：路径以/user/**开头的请求将被转发到 http://localhost:8080/user。路径以/order/**开头的请求将被转发到 http://localhost:8081/order。

8.3　路由和断言

8.2 节详细介绍了如何运用 Spring Cloud Gateway 来搭建统一的微服务网关。在 Spring Cloud Gateway 中，路由和断言属于其核心功能，对微服务网关的搭建与功能实现起着至关重要的作用。接下来，我们将深入探讨并详细介绍如何实现路由配置以及断言的相关内容，帮助读者更好地理解和掌握微服务网关搭建过程中的这一关键环节。

8.3.1　服务名路由转发

在前面的示例中，我们配置的 URI 直接使用了 IP 地址。实际上，还可以使用服务名来允许网关通过其负载均衡策略，从匹配的地址中自动选择一个合适的地址。

配置 Gateway 的动态路由非常简单，修改 YML 文件的配置，开启动态路由，然后将 URI 改成按微服务名路由即可。

（1）配置文件增加开启路由的配置：

```
discovery:
     locator:
        enabled: true      #开启从注册中心动态创建路由的功能，利用微服务名进行路由
```

（2）之前硬编码的 URI 替换为微服务名称（在注册中心上显示的服务名）：

```
uri: lb://SERVICE-CONSUMER      #匹配后提供服务的路由地址
```

在上面的配置中，我们把 uri: http://localhost:8081 改为了 uri: lb://SERVICE-CONSUMER，从而可以实现动态路由。

需要注意的是，URI 的协议为 lb，表示启用 Gateway 的负载均衡功能，lb://serviceName 是 Spring Cloud Gateway 在微服务中自动创建的负载均衡 URI。

8.3.2 断言

在 Spring Cloud Gateway 中，断言（Predicate）用于定义路由规则。它可以视为一组规则或条件，用于匹配用户的请求是否符合设定的路由规则。如果请求匹配成功，Gateway 会将请求路由到目标微服务；否则，返回"404 Not Found"错误提示。

断言通常用于检查 HTTP 请求的特定属性，例如请求的 URI、HTTP 方法、请求头、查询参数、Cookie 等。Spring Cloud Gateway 内置了许多路由断言工厂，常用的断言说明如表 8-2 所示。

表8-2　常用的断言

类　型	说　明	使用示例
Path	路径断言，路径相匹配的进行路由	- Path=/payment/create/**
Before	时间断言，Before、After、Between 指定时间的请求进行路由	- Before=2020-03-08T10:59:34.102+08:00 [Asia/Shanghai]
After	时间断言，Before、After、Between 指定时间的请求进行路由	- After=2020-03-08T10:59:34.102+08:00 [Asia/Shanghai]
Between	支持	- Between=2020-03-08T10:59:34.102 +08:00[Asia/Shanghai]，　2020-03-08T10: 59:34.102 +08:00[Asia/Shanghai]
Cookie	Cookie 断言，携带名为 username 且值为 zzyy 的请求进行路由（zzyy 可以替换为正则表达式）	- Cookie=username,zzyy

（续表）

类　　型	说　　明	使用示例
Host	host 断言，对符合格式的请求进行路由	- Host=**.atguigu.com, **.atg.com
Method	method 断言，对 get 请求进行路由	- Method=GET
Header	header 断言，对请求头携带 X-Request-Id 且值满足正则表达式"\d+"的请求进行路由	- Header=X-Request-Id
Query	query 断言，对参数名为 username 且值满足正则"\d+"的请求进行路由	- Query=username

通过上面的示例可以看到，这些断言类型都匹配 HTTP 请求的不同属性，而且这些断言类型可以互相组合，然后通过逻辑连接。

8.4　过滤器

8.3 节介绍了使用 Spring Cloud Gateway 搭建统一的微服务网关、配置动态路由等功能。微服务网关的核心功能之一是请求过滤和拦截，本节将介绍什么是过滤器，以及如何实现过滤器。

8.4.1　什么是过滤器

Spring Cloud Gateway 的过滤器用于在请求被路由之前或之后对请求进行修改或处理，它们是实现请求认证、鉴权、转发、日志记录等功能的灵活组件。

Spring Cloud Gateway 内置了许多常用的过滤器，例如请求日志记录过滤器、请求转发过滤器、路径重写过滤器、请求头过滤器、请求参数过滤器等，过滤器可以按照顺序组合起来，形成一个过滤器链。每个过滤器都可以修改或处理请求，并将请求传递给下一个过滤器。

此外，开发者还可以自定义过滤器来满足特定的业务需求。自定义过滤器需要实现 Spring Cloud Gateway 的 GatewayFilter 接口，并按特定顺序执行。过滤器链的顺序可以通过配置文件或代码进行定义。

通过使用 Spring Cloud Gateway 过滤器，开发者可以在网关层面统一处理和管理请求，以实现一些通用的功能，提高系统的可维护性和可扩展性。

8.4.2　使用过滤器实现权限验证

过滤器是 Spring Cloud Gateway 的核心组件之一，它可以在请求进入网关之前或之后对请求进行处理和转换。Spring Cloud Gateway 的过滤器可以分为以下两种类型。

- Gateway Filter（网关过滤器）：这种过滤器是应用于单个路由的，可以对请求进行修改、增强或拦截。它们可以用于添加请求头、修改请求路径、记录日志等操作。Gateway Filter 可以通过配置文件或编程方式进行定义和配置。
- Global Filter（全局过滤器）：这种过滤器是应用于所有路由的，可以在请求进入网关之前或之后进行处理。全局过滤器可以用于鉴权、限流、请求转发等操作。全局过滤器可以通过配置文件或编程方式进行定义和配置。

自定义过滤器需要实现 GatewayFilterFactory 或 GlobalFilter 接口，并注册到 Spring 容器中。Spring Cloud Gateway 提供 GlobalFilter 和 Ordered 两个接口来自定义过滤器。

- GlobalFilter：通过 filter()实现过滤器业务。
- Ordered：通过 getOrder()定义过滤器的执行顺序。

下面通过实现鉴权过滤器的流程介绍 Spring Cloud Gateway 自定义过滤器的使用方法。

首先，定义一个全局 GlobalFilter 过滤器 AuthFilter 类，需要实现 GlobalFilter 和 Ordered 接口，并且重写相应的方法来设置过滤规则和优先级。示例代码如下：

```java
@Component
public class AuthFilter implements GlobalFilter, Ordered {
    @Override
    public Mono<Void> filter(ServerWebExchange exchange,  // 执行事件
                        GatewayFilterChain chain) {        //过滤器链
        // 需求：未登录判断逻辑：当参数中的 username=admin && password=admin 时
        // 继续执行，否则退出执行
        // 对象都存储在 exchange 中，得到 request、response 对象
        ServerHttpRequest request=exchange.getRequest();
        ServerHttpResponse response=exchange.getResponse();
        // 业务逻辑代码
        // request.getQueryParams() 获取参数
        String username = request.getQueryParams().getFirst("username");
        String password = request.getQueryParams().getFirst("password");
        if(username !=null && username.equals("admin") &&
            password != null && password.equals("admin")){
            // 已经登录，执行下一步
            return chain.filter(exchange);
        }else{
            // 设置无权限 401
            response.setStatusCode(HttpStatus.UNAUTHORIZED);
            // 执行完成，不用继续执行后续流程了
            return response.setComplete();
        }
    }

    @Override
```

```
public int getOrder() {
    // 此值越小，越早执行
    return 1;
}
}
```

在上面的示例中，我们创建了 AuthFilter 类，该类实现了 GlobalFilter 和 Ordered 类，重写了 filter()方法，并编写了对应的过滤规则。

接下来，启动项目验证过滤器是否添加成功。在浏览器中输入 http://localhost:8500/order/getUserList，我们会发现返回 401，即接口无法访问，如图 8-6 所示。

图 8-6　GlobalFilter 过滤器权限验证请求结果

继续访问 http://localhost:8500/order/getUserList?username=admin&password=admin，接口请求成功，说明自定义的权限过滤器生效，如图 8-7 所示。

图 8-7　GlobalFilter 过滤器权限验证请求成功

8.5　本章小结

本章深入探讨了微服务网关的基本概念、在微服务架构中的重要性及其核心功能，对比了微服务网关与传统 API 网关的不同之处，并介绍了当前市场上几款流行的微服务网关产品。随后，通过实例讲解如何使用 Spring Cloud Gateway 构建微服务网关，包括路由配置、过滤器使用等关键技术点。最后，通过实现 Spring Cloud Gateway 过滤器，展示如何在微服务网关中实施权限验证功能。

通过本章的学习，读者将能够深入理解微服务网关在微服务架构中的角色和重要性，掌握 Spring Cloud Gateway 的核心组件，包括路由和过滤器的配置方法，并能够利用 Spring Cloud Gateway 搭建一个高效、稳定的微服务网关，为进一步探索和学习微服务网关的高级特性打下坚实的基础。

8.6 本章练习

（1）使用 Spring Cloud Gateway 搭建微服务网关。

（2）自定义网关拦截器，实现权限验证。

第9章

配置中心 Spring Cloud Config

本章首先深入介绍微服务配置中心的概念、作用、需求背景及流行产品。接着，通过示例引导读者了解 Spring Cloud Config ，逐步演示如何创建服务端，掌握配置文件的命名规则及集成方法。最后，通过项目实战，详述如何利用 Spring Cloud Bus 实现动态刷新。

9.1　配置中心简介

本节将揭开配置中心的神秘面纱，清晰阐释什么是配置中心、它的作用以及为何需要配置中心。此外，还将介绍当前流行的微服务配置中心，帮助读者了解市场中的主流选项，为深入学习 Spring Cloud Config 配置中心筑牢基础。

9.1.1　什么是配置中心

配置中心是一个用于集中管理和存储微服务配置信息的组件，如图 9-1 所示。它提供了一种统一的方式来管理和存储应用程序在不同环境（如开发、测试、生产等）中的配置信息，包括应用程序的属性、环境变量、数据库连接、第三方服务的配置等。

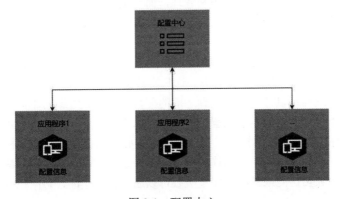

图 9-1　配置中心

在传统的应用架构中，应用程序的配置信息通常以配置文件的形式直接嵌入应用的代码或部署包中。然而，随着应用规模的扩大和分布式系统的发展，这种方式存在诸多问题，说明如下。

● 管理困难：当应用数量众多且部署在不同环境时，分别管理每个应用的配置文件会变得非常复杂和耗时。

● 缺乏灵活性：如果需要对配置进行更改，需要手动修改每个应用的配置文件，然后重新部署应用，这使得配置的更新不够灵活和及时。

● 环境不一致：容易导致不同环境中的配置不一致，从而引发应用在不同环境下的行为差异，增加了故障排查和维护的难度。

配置中心通过将配置信息从应用中剥离出来，集中存储和管理，解决了上述问题。开发人员、运维人员或其他相关人员可以通过配置中心的管理界面或 API 来添加、修改、查询和删除配置信息。应用程序在运行时，通过与配置中心进行通信，动态获取所需的配置数据，从而实现了配置的集中管理、动态更新和灵活配置。

配置中心在现代软件系统中具有不可或缺的地位。它解决了传统配置管理的诸多难题，提高了配置管理的效率、灵活性和可靠性，为系统的稳定运行和快速迭代提供了有力支持。

9.1.2　配置中心的作用

微服务配置中心是一种集中式管理和分发配置的工具，提供了一种可靠的方式来管理微服务应用程序的配置。它允许开发人员将配置信息存储在一个集中的位置，并通过 API 或其他机制将配置提供给各个微服务实例。微服务配置中心的作用和优势如下。

（1）集中管理配置：微服务配置中心提供了一个集中管理和存储微服务配置信息的平台。开发者可以将所有微服务的配置信息集中存储在配置中心，而不是分散在各个微服务中。这样可以方便地对配置进行修改、更新和管理，而无须重新部署微服务。

（2）动态更新配置：微服务配置中心支持动态更新配置，即在微服务运行时可以动态地获取最新的配置信息。这使得开发者可以在不重启微服务的情况下修改配置，实现配置的实时更新。这对于需要频繁修改配置的场景非常有用，如调整日志级别、修改数据库连接等。

（3）配置版本管理：微服务配置中心通常支持配置的版本管理，可以记录和管理不同版本的配置信息。这样可以方便地回滚到之前的配置版本，或者针对不同环境（如开发、测试、生产）使用不同的配置版本。配置版本管理可以提高配置的可控性和可追溯性。

（4）配置的安全性和权限控制：微服务配置中心可以提供安全性和权限控制机制，确保只有授权的用户或服务可以访问和修改配置信息。这样可以保护敏感的配置数据，防止配置信息被未授权的人员访问或篡改。配置中心可以通过身份验证、访问控制列表等方式实现权限控制。

（5）配置的分布式管理：微服务配置中心通常支持分布式部署，可以将配置信息复制到多个节点上，实现高可用性和容错性。这样即使某个节点发生故障，仍然可以从其他节点获取配置信息。分布式配置中心可以提高系统的可靠性和稳定性。

（6）配置的统一性和一致性：微服务配置中心可以确保所有微服务使用相同的配置信息，避免了配置的不一致性和冲突。开发者可以通过配置中心统一管理和分发配置，确保所有微服务在不同环境下的配置一致性，减少了配置管理的复杂性。

总而言之，微服务配置中心提供了一种集中化管理和动态更新配置的方式来帮助我们更好地管理和维护微服务的配置信息，使得微服务架构中的配置管理更加灵活、高效和可维护。它可以帮助开发人员简化配置管理的复杂性，提高系统的可靠性和可扩展性。

9.1.3　为什么需要配置中心

在当今数字化的时代，软件系统的规模和复杂性不断增长，尤其是随着微服务架构的广泛应用，配置管理成为系统开发和运维中的关键环节，而配置中心在其中发挥着至关重要的作用。

在没有配置中心的传统模式下，应用程序的配置通常以配置文件的形式与应用代码紧密耦合。这种方式在简单的应用场景中或许能够满足需求，但随着系统规模的扩大和复杂度的提高，逐渐暴露出了一系列问题。

1. 配置分散与管理困难

在微服务架构下，每个模块或服务都有自己的配置文件。这些配置文件可能分布在不同的服务器和目录下，使得配置的查找、修改和维护变得异常困难。一旦需要对某个配置项进行更改，可能需要在多个地方进行相同的操作，容易出现遗漏或错误。

2. 环境切换与配置一致性问题

在开发、测试、预生产和生产等不同的环境中，应用的配置往往存在差异。如果通过手动方式来维护不同环境的配置文件，很难保证配置的一致性。环境之间的配置差异可能导致应用在不同环境下的行为不一致，增加了问题排查和调试的难度。

3. 配置更新的实时性与可靠性

当业务需求发生变化，需要修改配置时，传统模式往往需要重新部署应用才能使配置生效。这种方式不仅效率低下，而且在部署过程中可能会出现服务中断，影响系统的可用性。此外，如果配置更新失败，很难进行回滚操作，从而可能导致系统出现故障。为了解决传统配置管理的问题，配置中心应运而生。通过配置中心，能够将所有服务的配置信息进行集中存储与管理。配置中心承担着存储、管理以及分发配置信息的任务，让配置更新变得更为集中和高效。当需要对配置信息做出修改时，仅需在配置中心进行更改，就能实现所有相关服务配置的自动更新，大幅降低了更新配置的成本与风险。

传统模式与微服务模式的配置信息对比如图 9-2 所示。

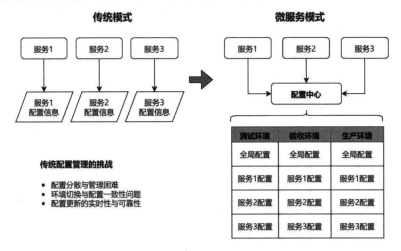

图 9-2　传统模式与微服务模式配置信息的对比

9.1.4　当前流行的微服务配置中心

当前流行的微服务配置中心产品有很多，其中比较常用的包括 Spring Cloud Config、Consul、Apollo、Nacos、Etcd 等。它们各有优缺点，表 9-1 是它们的简要对比。

表9-1　当前微服务配置中心产品对比

配置中心	优　　势	劣　　势
Spring Cloud Config	• 集成了 Spring 框架，易于集成和扩展 • 支持多种后端存储，如 Git、SVN、本地文件等 • 提供了加密和解密机制，保证配置的安全性 • 支持动态刷新配置，不需要重启服务	• 不支持多数据中心 • 对于大规模的配置管理，可能需要额外的组件支持 • 无后端管理界面 • 需要 Git、Spring Cloud Bus、MQ 支持其动态更新
Consul	• 支持多数据中心 • 提供了服务发现、健康检查等功能 • 支持动态刷新配置，不需要重启服务	• 需要 Consul Server 等组件支持 • 对于大规模的配置管理，可能需要额外的组件支持
Apollo	• 支持多数据中心 • 提供了高可用、分布式锁等功能 • 支持动态刷新配置，不需要重启服务	• 不是 Spring Cloud 体系，对 Spring Cloud 的支持没有 Spring Cloud Config 好

（续表）

配置中心	优 势	劣 势
Nacos	• 支持多数据中心 • 支持动态配置管理 • 支持基于命名空间、配置项和分组的管理	• 学习成本高 • 部署和维护成本高
Etcd	• 支持多数据中心 • 提供了高可用、分布式锁等功能 • 支持动态刷新配置，不需要重启服务	• 没有提供界面 • 对于大规模的配置管理，可能 需要额外的组件支持

综上所述，这些微服务配置中心都具有一定的特点和功能，到底选择哪个微服务配置中心需要根据具体的需求来选择。如果只是简单地配置管理，Spring Cloud Config 足够使用了；如果需要支持多数据中心或更多高级功能，可以考虑使用 Apollo、Nacos。

9.2 Spring Cloud Config 简介

9.1 节阐述了配置中心的定义、作用与概念，还介绍了当前流程中的配置中心产品。其中，Spring Cloud Config 在 Spring Cloud 生态中占据着极为重要的地位。接下来，我们将详细介绍什么是 Spring Cloud Config，并且深入剖析其工作原理，以使读者能够对 Spring Cloud Config 形成一个全面且清晰的认识。

9.2.1 什么是 Spring Cloud Config

Spring Cloud Config 是 Spring Cloud 生态系统中的一个配置管理工具。它主要用于集中式管理应用程序在不同环境（如开发、测试、生产等）中的配置信息。通过将配置数据存储在一个中央存储库中，例如 Git 仓库、本地文件系统或数据库，从而实现配置的统一管理和版本控制，如图 9-3 所示。

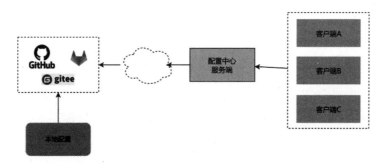

图 9-3 Spring Cloud Config 配置中心

Spring Cloud Config 允许应用程序在运行时动态获取所需的配置，这使得配置的修改和更新可以在不重新部署应用程序的情况下生效，增强了应用的灵活性和可维护性，而且支持不同的配置格式，如 Properties、YML 等，并且能够为不同的应用实例提供特定的配置。

Spring Cloud Config 具有以下优势：

（1）与 Spring 生态系统的无缝集成。作为 Spring Cloud 的一部分，Spring Cloud Config 与 Spring Boot 等 Spring 框架能够无缝集成，开发人员可以轻松地将其引入现有的 Spring 应用项目中，降低了学习成本和开发难度。

（2）灵活性和可扩展性。Spring Cloud Config 支持多种配置存储后端和配置格式，并且可以根据业务需求进行定制化开发和扩展，满足不同项目的特定需求。

（3）社区支持和活跃度。Spring Cloud 拥有庞大的社区和活跃的开发者群体，Spring Cloud Config 作为其中的重要组件，拥有丰富的文档、教程和案例资源，遇到问题时可以方便地从社区中获得帮助和支持。

总的来说，Spring Cloud Config 为微服务架构中的配置管理提供了一种高效、可靠、灵活的解决方案，可以帮助开发团队更好地应对日益复杂的分布式系统配置管理挑战，提高了开发效率和系统的稳定性，是构建现代化微服务应用的重要工具。

9.2.2　Spring Cloud Config 的工作原理

Spring Cloud Config 主要由服务端（spring-cloud-config-server）和客户端 spring-cloud-starter-config 两部分组成。

- 服务端也称为分布式配置中心，它是一个独立的微服务应用，用来连接配置服务器并为客户端提供获取配置信息、加密/解密信息等访问接口。
- 客户端则是通过指定的配置中心来管理应用资源，以及与业务相关的配置内容，并且在启动的时候从配置中心获取和加载配置信息。配置服务器默认采用 Git 来存储配置信息，这样有助于对环境配置进行版本管理，并且可以通过 Git 客户端工具来方便地管理和访问配置内容。

简单来说，Spring Cloud Config 能将各个应用/系统/模块的配置文件（Git 或 SVN）进行统一管理，为分布式系统中的外部化配置提供服务器和客户端支持。使用 Config 服务器，可以在中心位置管理所有环境中应用程序的外部属性。

Spring Cloud Config 的工作流程如图 9-4 所示。

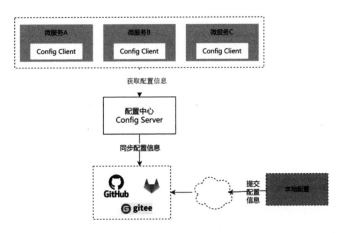

图 9-4　Spring Cloud Config 的工作流程

Spring Cloud Config 的工作流程说明如下：

（1）服务启动，客户端应用通过向 Spring Cloud Config 服务器发送请求来获取配置信息。

（2）Spring Cloud Config 服务器根据客户端应用指定的应用名称、环境和配置文件等参数，从后端存储中检索相应的配置数据，并将其返回给客户端应用。

（3）客户端应用接收到配置数据后，将其加载到应用的运行环境中，从而实现应用的配置。

9.3　使用 Spring Cloud Config 构建配置中心

前面介绍了配置中心的基本概念，了解这些核心概念对于理解和应用微服务配置中心非常重要。Spring Cloud 框架提供了 Spring Cloud Config 组件用于实现微服务配置中心。这个组件可以与各种配置存储后端集成，例如 Git、SVN、本地文件系统等。此外，Spring Cloud Config 还提供了易于使用的 REST API 和客户端库，使微服务可以轻松地从配置中心获取配置信息。本节将深入探讨如何构建微服务配置中心。

9.3.1　创建配置中心服务端

前面介绍了 Spring Cloud Config 的架构，接下来使用 Spring Cloud Config 构建配置中心服务端。

准备工作：开始之前，需要创建一个简单的微服务工程，可以从原有的项目中复制过来，然后创建 Config Server 模块：springcloud-config-server，作为配置中心服务端。

步骤 01 引入相关依赖。

创建 Config Server 模块：springcloud-config-server，并修改 pom.xml 文件，引入相关依赖。示例代码如下。

```
<!--Config 服务端-->
<dependency>
    <groupId>org.springframework.cloud</groupId>
    <artifactId>spring-cloud-config-server</artifactId>
</dependency>
```

步骤 02 启用@EnableConfigServer。

修改 Config Server 模块的启动类，使用@EnableConfigServer 注解标注此服务为 Config Server 服务端。示例代码如下：

```
@SpringBootApplication
@EnableEurekaClient
@EnableConfigServer
public class ConfigServerApplication {
    public static void main(String[] args) {
            SpringApplication.run(ConfigServerApplication.class, args
        );
    }
}
```

步骤 03 创建远程 Git 仓库。

远程配置中心需要结合 Git 使用，在 GitHub 或者 Gitee 创建一个仓库，用于保存各种配置文件，这里使用 Gitee 作为远程仓库，创建仓库的过程这里不再赘述，如图 9-5 所示。

图 9-5   Gitee 远程配置仓库

步骤 **04** 配置远程仓库地址。

修改 Config Server 模块的 application.yml 全局配置文件，增加远程仓库地址等配置，示例代码如下：

```
spring:
  application:
    name: config-server
  cloud:
    config:
      server:
        git:
          uri: https://gitee.com/weizhong1988/spring-cloud-config-repo.git
server:
  port: 8060

#eureka 的访问方式，增加 Eureka 的账号和密码
eureka:
  client:
    service-url:
      defaultZone: http://localhost:8761/eureka/
```

经过上述配置，服务启动时，config-server 服务端会自动连接配置的 GitHub 或者 Gitee 仓库，获取全部的配置内容。

步骤 **05** 验证测试。

配置完成之后，启动 eureka-server 服务和 config-server 服务，在浏览器中访问 http://localhost:8060/service-consumer/dev/master，验证配置文件是否能读取成功，如图 9-6 所示。

图 9-6　读取 Config-Server 配置中心的配置信息

9.3.2 创建配置中心客户端

前面介绍了如何创建 Config Server 配置中心。只需要引入依赖，并增加 @EnableConfigServer 注解即可。接下来，将演示应用微服务（即 Config Client）如何读取 Config Server 配置中心的配置信息。

准备工作：这里使用之前的服务消费者 consumer-provider 作为配置中心的客户端。读者需要构建一个基础的微服务工程，或者复制之前的项目。

步骤 01 修改服务消费者 consumer-provider 模块，引入相关依赖，这里客户端的依赖为 spring-cloud-starter-config，与服务端使用的依赖有所不同。具体代码如下：

```
<!--Config 组件-->
<dependency>
    <groupId>org.springframework.cloud</groupId>
    <artifactId>spring-cloud-starter-config</artifactId>
</dependency>
```

步骤 02 修改配置文件。

修改服务消费者 consumer-provider 模块的 application.yml 配置文件，并增加配置中心的相关信息。具体代码如下所示：

```
server:
  port: 8081

spring:
  application:
    name: service-consumer
  cloud:
    config:
      uri: http://localhost:8060/
      label: master
      name: service-consumer
      profile: dev

#eureka 的访问方式
eureka:
  client:
    service-url:
      defaultZone: http://localhost:8761/eureka/
```

经过上述配置，service-consumer 服务启动后，会从 config-server 服务端获取全部配置信息，config-server 服务端连接配置的 GitHub 或者 Gitee 仓库，从而获取仓库内的全部配置内容。

> **注　意**
>
> 在实际项目中，部分项目可能会使用 bootstrap.yml 作为配置中心的配置文件，而非 application.yml。主要差异在于：application.yml 用于常规的资源配置，而 bootstrap.properties 用于应用程序启动时提前加载关键配置信息，且它的优先级更高。

步骤 03 读取配置信息。

修改服务消费者 consumer-provider 模块，增加 OrderController 并在控制器中读取配置中心的相关配置。具体代码如下：

```
@RestController
public class OrderController {
    @Value("${application.info}")
    private String applicationInfo;

    @GetMapping("/applicationInfo")
    public String getApplicationInfo() {

        return applicationInfo;
    }
}
```

步骤 04 测试验证。

配置完成后，分别启动 eureka-server、config-server 和 service-consumer 等服务，然后在浏览器中访问 http://localhost:8081/applicationInfo 接口，即可获得相应的配置信息，如图 9-7 所示。

图 9-7　客户端读取配置中心信息

9.3.3　配置文件命名规则

Spring Cloud Config 支持从各种配置源（包括 Git、SVN 等）加载配置文件。通常，配置文件的命名需要遵循特定的规则，以便 Spring Cloud Config 能够正确识别和加载它们，如 order-dev.yml、order-test.yml、order-prod.yml。具体如下：

```
{application}-{profile}.yml/{application}-{profile}.properties
```

其中，application 为应用名称，profile 指的是开发环境（用于区分开发环境、测试环境、生产环境等）。

同时，Spring Cloud Config 客户端在读取远程配置中心服务端的配置文件时，也会遵循一定的路径规则，具体如图 9-8 所示。

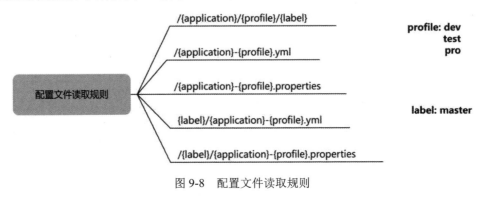

图 9-8　配置文件读取规则

其中，application 代表服务名称；label 代表分支，例如 master 分支；profile 代表环境。

例如，有一个名为 order 的应用程序，需要为开发环境加载配置，文件名可以是：

- http://localhost:8060/order-dev.yml
- http://localhost:8060/order-dev.properties

如果需要为特定分支加载配置，文件名可以是：

- http://localhost:8060/order/dev/master
- http://localhost:8060/order/test/master

通过遵循这些规则命名配置文件，可以方便地管理和加载不同应用程序在不同环境下的配置。配置中心服务端 Config Server 会根据应用程序名称和当前激活的配置环境加载对应的配置文件，从而实现配置的集中管理和动态刷新。

9.4　实现配置动态刷新

9.3 节阐述了构建配置中心 Config Server 的方法以及客户端从配置中心获取配置信息的流程。然而，存在这样一个问题：当配置中心的配置信息发生变化时，如果客户端不重启服务，那么该如何获取最新的配置信息呢？接下来，将详细介绍实现配置动态刷新的方式。

9.4.1　技术方案

Spring Cloud Config 提供了手动刷新和自动刷新两种配置动态刷新的技术方案。

- 手动刷新：需在相关类添加@RefreshScope 注解，开启端点暴露。然后发送 POST 请求到/refresh 端点实现配置刷新，操作比较直接。
- 自动刷新：自动刷新需结合消息总线，配置消息代理等。当配置发生变更时，自动通知各服务刷新，减少人工操作，但配置相对复杂。

在实际应用中，自动刷新方案备受青睐且应用广泛。它能实现配置的集中管理与动态刷新，兼具出色的扩展性和灵活性。借助消息总线，配置中心可将配置变更消息广播给订阅客户端，实现动态刷新，无须客户端主动轮询或重启服务。此方式契合微服务架构原则，有助于提升系统的可维护性与扩展性。

实现原理如图 9-9 所示。

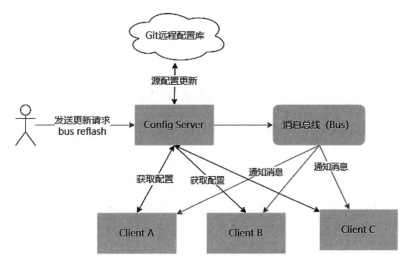

图 9-9　配置动态刷新

9.4.2　Spring Cloud Bus 简介

1. 什么是消息总线

消息总线是一种用于在分布式系统中进行消息传递和通信的机制。它允许不同的组件、服务或应用程序之间通过发送和接收消息来进行异步通信。

消息总线通常基于消息代理（RabbitMQ、Kafka 等）来实现。消息代理充当着消息的中间环节，负责接收、存储以及转发消息。发送方将消息发布到消息代理的特定主题或队列，接收方订阅这些主题或队列，从而接收相应的消息。

消息总线主要用于实现事件驱动架构、微服务之间的通信、配置的动态刷新等场景。同时，消息总线还提供消息持久化、消息广播和订阅、消息路由等功能。通过消息总线，可以实现服务的解耦和异步通信，从而提高系统的可扩展性和灵活性。

2. 什么是 Spring Cloud Bus

Spring Cloud Bus 是 Spring Cloud 提供的一种消息传递组件，用于在分布式系统中进行消息的广播和传递。它基于消息代理（如 RabbitMQ 或 Kafka）来实现消息的发布和订阅。

下面介绍几个 Spring Cloud Bus 的核心概念。

- 消息代理：用于实现消息的发布和订阅，常用的消息代理有 RabbitMQ 和 Kafka。
- 消息总线：用于在分布式系统中传递消息的通道，可以是消息代理中的一个主题或队列。
- 消息生产者：负责发布消息到消息总线。
- 消息消费者：订阅消息总线上的消息，并进行相应的处理。

通过使用 Spring Cloud Bus，我们可以方便地实现配置的动态刷新、事件的广播和消息的传递，实现微服务之间的解耦和通信，提高微服务架构的灵活性和可扩展性。

9.4.3 使用 Spring Cloud Bus 实现配置动态刷新

前面介绍了配置信息动态刷新的实现原理和技术方案，当配置中心的配置信息发生变化时，Spring Cloud Bus 可以将消息广播给所有订阅了该消息的微服务，从而实现配置的动态刷新。接下来，通过实例演示如何在配置中心中整合 Spring Cloud Bus 实现配置的动态刷新。

准备工作：此方案会用到 RabbitMQ，需要提前准备好。另外，创建一个简单的微服务工程 0802-spring-cloud-config-bus，或者使用之前的项目。

步骤 01 配置中心和配置客户端添加依赖。

修改 Config Server 和 Config Client 模块中的 pom.xml 文件，引入 amqp 和 actuator 等依赖。示例代码如下：

```
<dependency>
    <groupId>org.springframework.cloud</groupId>
    <artifactId>spring-cloud-starter-bus-amqp</artifactId>
</dependency>
<dependency>
    <groupId>org.springframework.boot</groupId>
    <artifactId>spring-boot-starter-actuator</artifactId>
```

```
</dependency>
```

步骤 **02** 配置中心和配置客户端修改配。

Config Server 和 Config Client 模块中加入 RabbitMQ 和 Actuator 等配置,修改 Config Server 和 Config Client 模块中的 application.yml 文件。示例代码如下:

```
spring:
    #rabbitmq 相关配置
    rabbitmq:
      host: localhost
      port: 5672
      username: guest
      password: guest

#rabbitmq 相关配置,暴露 bus 刷新配置的端点, Spring Cloud Bus 动态刷新全局广播
management:
  endpoints: #暴露 bus 刷新配置的端点
    web:
      exposure:
        include: '*'
```

步骤 **03** 添加@RefreshScope 注解。

在配置客户端 Config Client 增加 OrderController 类,并且在需要动态刷新配置的类中加上@RefreshScope 注解。示例代码如下:

```
@RestController
@RefreshScope
public class OrderController {
    @Value("${application.info}")
    private String applicationInfo;

    @GetMapping("/applicationInfo")
    public String getApplicationInfo() {
        return applicationInfo;
    }
}
```

步骤 **04** 测试验证。

启动 Config Server 配置中心及其他微服务后,更改配置,向配置中心发送 POST 请求:http://localhost:8060/actuator/bus-refresh,如图 9-10 所示。

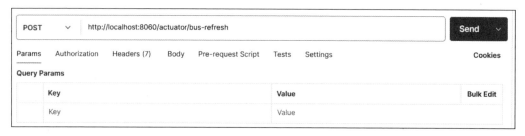

图 9-10　配置动态刷新

客户端收到通知后，自动获取最新的配置信息，并刷新程序中的信息，如图 9-11 所示。

图 9-11　客户端的配置信息已经刷新

9.5　本章小结

微服务配置中心是微服务架构中不可或缺的重要组件。本章首先介绍了配置中心的概念、作用和优势。接着深入探讨了如何基于 Spring Cloud Config 构建微服务配置中心，包括配置中心服务端和客户端的搭建和配置。最后，介绍了如何配置动态刷新，实现了在运行时更新配置，而无须重启微服务。

通过本章的学习，读者将理解配置中心的作用和优点，并具备基于 Spring Cloud Config 构建自己的配置中心服务端和客户端的能力。这将为读者进一步提高和深入学习提供坚实的基础。

9.6　本章练习

（1）使用 Spring Cloud Config 搭建微服务配置中心。
（2）自定义配置，并实现配置的动态刷新。

第 10 章

微服务的统一认证和授权

本章探讨微服务架构下统一认证和授权的挑战，将详细介绍 OAuth 2.0、JWT、Spring Security 等技术在微服务架构中的具体应用，并探讨如何设计和部署认证和授权服务。通过学习本章的内容，读者将了解如何在微服务架构下实现安全认证和权限控制，从而保护系统的数据和资源安全。

10.1 微服务安全概览

本节将深入探讨认证和授权在微服务架构中的重要性。同时，还将全面剖析微服务架构大背景下认证和授权所面临的诸多严峻挑战，针对这些挑战，深入研究微服务架构下常用的认证和授权解决方案，为微服务的安全保障提供有力支撑。

10.1.1 认证和授权在微服务中的重要性

在微服务架构中，安全性是设计和运营的核心考虑因素之一。由于系统被拆分成多个独立运行和部署的微服务，如何确保只有经过授权的用户或系统能够访问和操作相应的服务及数据，保护数据的机密性、完整性和可用性，变得至关重要。

在微服务架构中，认证和授权是安全性的两大基石。理解这两个概念及其在微服务中的应用是设计安全系统的前提。

- 认证是指验证用户或系统身份的过程。在微服务架构中，认证通常通过登录过程完成，用户需要提供用户名和密码，或者其他形式的凭据，如令牌、证书等。

● 授权是指授予经过认证的用户或系统访问资源的权限的过程。授权决定了用户可以执行哪些操作，比如读取数据、修改数据或执行某个服务。

对于微服务系统而言，如果没有有效的认证和授权机制，将面临诸多安全风险。例如，未经授权的用户可能会访问敏感数据，恶意攻击者可能会篡改服务的功能逻辑，非法服务可能会冒充合法服务进行通信等。这些安全问题不仅会导致数据泄露、业务中断等直接损失，还会严重损害企业的声誉和用户的信任。

因此，建立统一的认证和授权机制，对于微服务系统的安全稳定运行至关重要。通过集中管理用户身份和权限，实现对微服务访问的精细控制，能够有效地保护系统资源，确保业务的正常开展，为企业的数字化发展提供坚实的安全保障。

10.1.2 微服务下认证和授权的挑战

在微服务架构中，由于微服务通常是分布式的、自治的，因此每个微服务都需要对请求进行认证检查和权限控制，以保护系统的安全性和完整性。而且，客户端发起请求需要考虑如何让用户的认证状态通知到所有的微服务中，尤其是请求来源于多种客户端（如浏览器、移动端、第三方程序、服务之间的访问）时，微服务的授权变得更加麻烦，再加上本地 Session 在微服务（集群/分布式）环境中存在 Session 不同步的问题，所以微服务的认证和授权就变得非常复杂。

认证和授权面临着诸多严峻的挑战：

（1）服务之间的认证和授权。在微服务架构中，不同的服务可能由不同的团队或组织开发和维护，因此需要确保服务之间的通信是安全和可信的。为此，需要对服务进行认证和授权，以确保只有经过授权的服务才能访问其他服务。

（2）用户身份的传递。在微服务架构中，用户可能需要跨多个服务进行操作，因此需要确保用户的身份可以在服务之间传递。为此，可以使用 OAuth 2.0 等协议来传递用户的身份信息，以确保用户可以在不同的服务中进行操作。

（3）服务的访问控制。在微服务架构中，不同的服务可能由不同的团队或组织开发和维护，因此需要确保每个服务只能被授权的用户或服务访问。为此，可以使用基于角色的访问控制等机制来限制服务的访问。

（4）服务的安全性。在微服务架构中，每个服务都需要保护自己的安全性，例如防止 SQL 注入、跨站脚本攻击等安全问题。为此，需要在每个服务中实现相应的安全机制，以确保服务的安全性。

（5）服务的审计和监控。在微服务架构中，需要对服务进行审计和监控，以确保系统的安全性和完整性。为此，可以使用审计日志、监控工具等来追踪服务的操作和行为，以及检测潜在的安全问题。

10.1.3 常见的认证和授权解决方案

认证和授权一直以来都是分布式系统中最为重要的基础功能。然而，在微服务架构下，由于系统的复杂性增加，认证和授权变得更加复杂。那么，在微服务架构中，我们应该如何处理授权和认证的问题呢？当前常见的认证和授权解决方案包括 CAS、分布式 Session、JWT、OAuth 2.0 等，下面来探讨各个方案的优劣。

1. CAS 单点登录

CAS（Central Authentication Service）是一种基于 Cookie 实现的单点登录方案，它是一个相对较早的解决方案，用于解决多个应用系统之间的用户认证问题。用户只需要在 CAS 服务器上进行一次认证，就可以访问所有集成了 CAS 客户端的应用系统，无须在每个应用系统上重复登录。CAS 由 CAS Server 端和 CAS Client 端组成，其中 Server 端负责处理用户的登录流程，而 Client 端需要集成到各个系统中。

CAS 的工作流程如图 10-1 所示。

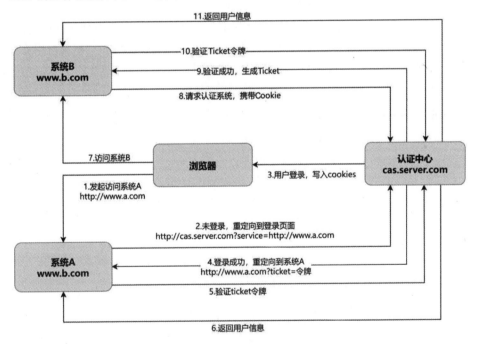

图 10-1 CAS 实现认证和授权

CAS 的工作流程说明如下：

（1）用户访问系统 A，发现用户未经过认证，重定向用户到 CAS 服务器的登录页面。

（2）用户在 CAS 服务器的登录页面输入用户名和密码等认证信息，CAS 服务器验证这些信息。

（3）如果认证信息验证通过，CAS 服务器创建一个票据（Ticket Granting Ticket，TGT），并将其存储在服务器端，同时生成一个服务票据（Service Ticket，ST），重定向用户到应用系统，并在重定向的 URL 中携带这个服务票据（ST）。

（4）应用系统接收到带有服务票据（ST）的请求后，将该服务票据（ST）发送到 CAS 服务器进行验证。

（5）CAS 服务器验证服务票据（ST）的有效性，如果验证通过，CAS 服务器通知应用系统用户已通过认证。

（6）应用系统收到用户认证通过的通知后，为用户创建一个本地会话，用户可以在应用系统中进行后续的操作。

（7）在用户访问同域下的其他应用系统时，只要该应用系统也集成了 CAS 客户端，用户无须再次登录，应用系统会通过 CAS 服务器验证用户的会话状态，实现单点登录。

CAS 是早期比较流行的单点登录方案，它可以灵活地集成到各种应用系统中，为用户提供单点登录功能，并且集中式认证管理便于统一维护认证信息，增强安全性和可靠性；然而，CAS 也存在一些不足，部署和配置相对复杂，增加了开发和运维成本，在跨域应用系统集成时可能有网络和安全问题，且由于 CAS 服务器的单点性质，一旦服务器出现故障，所有依赖它的应用系统的认证功能都会受到影响而无法正常使用。

2. 分布式 Session

分布式 Session 是为了解决在微服务架构或分布式系统中，由于多个服务实例或节点的存在，用户会话状态的维护问题。其基本原理是将会话数据（如用户身份、权限、登录状态等信息）从单个服务实例的内存中提取出来，存储在一个集中的、共享的存储介质（如 Redis 缓存数据库、Memcached 等）中，使得多个微服务实例都能够访问和读取用户的会话数据，以保持用户会话状态的一致性，如图 10-2 所示。

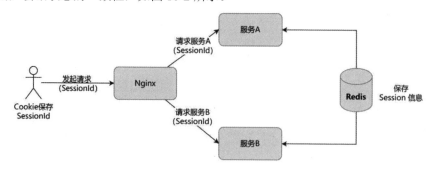

图 10-2　分布式 Session（会话）解决方案

（1）用户发起登录请求到某个微服务实例。

（2）该微服务实例验证用户的登录凭证（如用户名和密码）。

（3）验证通过后，微服务实例创建一个会话对象，包含用户的相关信息（如用户 ID、权限、登录时间等）。

（4）将会话对象序列化为一个数据结构（例如 JSON 格式），并将其存储到分布式存储（如 Redis）中，同时生成一个唯一的会话标识符（Session ID）。

（5）将生成的会话标识符（Session ID）通过 HTTP Cookie 或者在请求头中返回给客户端。

（6）后续客户端的每次请求都携带这个会话标识符。

（7）接收到请求的微服务实例，通过解析会话标识符，从分布式存储中获取对应的会话数据，从而识别用户身份和权限，完成请求的处理。

分布式 Session 是一种成熟的解决方案，但因其依赖于状态化通信的特性，这与微服务架构倡导的 API 导向和无状态通信原则相冲突。此外，共享式存储可能带来安全隐患。因此，在微服务架构中，分布式 Session 通常不被推荐使用。

3. JWT

JWT 是一种基于 JSON 的开放标准（RFC 7519），用于在各方之间安全地传输信息。在微服务架构中，可以使用 JWT 来实现无状态的身份验证，每个服务可以通过验证 JWT 来确认用户的身份和访问权限。其优点在于在服务之间传输时携带了用户信息，实现了无状态的认证。

具体流程如图 10-3 所示。

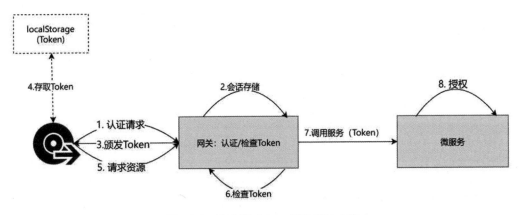

图 10-3　客户端 Token+网关解决方案

（1）客户端发起认证请求。

（2）认证服务端使用 JWT 等加密方式生成安全的 Token，Token 中携带了认证和授权信息，然后返回给客户端。

（3）客户端收到存储 Token，并保存到本地。

（4）客户端发起请求，携带 Token，在网关层对 Token 进行统一检查。

（5）检查通过后，请求后端微服务。

总的来说，JWT 认证方案是一种常用且可靠的认证方案，通过在服务之间传输携带用户信息的令牌，实现了无状态的认证。通过加密令牌，可以保证令牌的安全性。这种方案在分布式系统中得到了广泛应用，并取得了良好的效果。

4. OAuth 2.0

OAuth 2.0 是一种授权框架，用于授权第三方应用有限访问用户在资源服务器上的资源。它定义了多种授权模式，如授权码模式、隐式模式、密码模式和客户端凭证模式等，以满足不同的应用场景和需求。作为业内成熟的授权登录解决方案，广泛用于需要统一身份认证和授权的场景。

OAuth 2.0 的运行流程如图 10-4 所示。

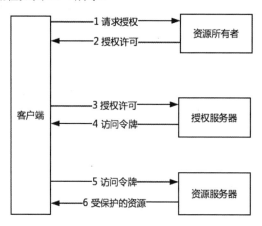

图 10-4　OAuth 2.0 的运行流程

OAuth 2.0 是目前比较流行的认证授权框架，用于授权第三方应用访问用户资源且无须提供用户凭据。其工作原理是通过颁发令牌授予资源访问权限，工作流程包括用户授权、获取授权码、换取访问令牌等步骤。OAuth 2.0 广泛应用于社交登录、移动应用与 API 访问授权等，具有安全、灵活且可扩展等特点，缺点是复杂、存在安全风险且可能影响用户体验。

综上所述，不同的认证授权方案适用于不同的场景，在选择时需要根据实际需求进行权衡，具体如表 10-1 所示。

表10-1　不同认证授权方案适用的场景

认证授权方案	安全性	扩展性	性能	适用场景
CAS	较高，采用加密传递信息，支持多种认证方式	较好，方便集成和通过插件扩展	一般，大规模并发需考虑性能问题	企业级应用，对安全性要求高的场景
分布式Session	一般，在有适当加密和控制时安全性较高	一般，系统规模扩大后管理变复杂	取决于存储和访问方式	传统单体应用或小型分布式系统，对性能要求不是特别高
JWT	使用数字签名保证完整性和真实性	较好，无状态，易在不同服务间传递，适合微服务架构	较好，无状态，减少服务器负担，但生成验证消耗资源	微服务架构、前后端分离、跨域访问等场景
OAuth 2.0	较高，多种授权方式确保安全	非常好，适用于各种规模场景，可与不同身份提供商集成	较好，可通过缓存提高性能，大规模并发需考虑问题	第三方应用接入、开放平台等需授权访问等场景

10.2　OAuth 2.0 简介

OAuth 2.0 是目前最常用的安全协议和标准，用于在分布式环境中安全地传递身份验证和授权信息。本节将深入探讨 OAuth 2.0 的工作原理、授权流程和常见的应用场景，旨在帮助读者在分布式环境中实现安全的身份验证和授权。

10.2.1　什么是 OAuth 2.0

OAuth 2.0（Open Authorization 2.0）是一种开放标准的授权协议，用于授权第三方应用程序访问受保护的资源，而无须共享用户的凭据（如用户名和密码）。它通过令牌的方式实现安全的身份验证和授权。OAuth 2.0 具有灵活的授权流程和可扩展性，适用于各种应用场景，被广泛用于 Web 和移动应用程序中，以实现安全的授权和身份验证。

OAuth 2.0 的设计目标是解决用户在多个应用程序之间共享资源时的授权问题。它允许用户授权第三方应用程序代表其访问受保护的资源，同时保护用户的凭据不被第三方应用程序获取。

OAuth 2.0 有以下优点。

- 安全性：OAuth 2.0 通过授权服务器颁发访问令牌，避免了将用户凭据直接提供给第三方应用程序，提高了安全性。
- 用户体验：OAuth 2.0 允许用户选择授权给哪些应用程序访问其资源，提供了更好的用户体验和控制权。
- 可扩展性：OAuth 2.0 是一个开放标准，可以与各种应用程序和服务集成，具有良好的可扩展性。
- 适用性广泛：OAuth 2.0 适用于各种场景，如社交登录、API 访问授权等。

综上所述，OAuth 2.0 的主要优势在于资源所有者无须共享其凭据，而且可以控制第三方应用程序对其资源的访问权限。它提供了一种安全而灵活的机制，用于授权和保护用户的个人数据，具备安全性、优化用户体验和支持可扩展性等优点。

10.2.2　OAuth 2.0 的使用场景

OAuth 2.0 广泛应用于以下几个场景。

- 第三方应用程序授权：OAuth 2.0 允许用户授权第三方应用程序代表其访问受保护的资源。这在社交媒体平台、电子商务网站等场景中非常常见。例如，用户可以使用自己的社交媒体账号登录第三方应用程序，而无须将用户名和密码提供给该应用程序。
- API 访问授权：OAuth 2.0 可以用于授权第三方应用程序访问 API。许多云服务提供商和开放平台都使用 OAuth 2.0 来控制对其 API 的访问。例如，一个开发者可以使用 OAuth 2.0 授权来访问 Google Maps API 或 Facebook Graph API。
- 单点登录（Single Sign-on，SSO）：OAuth 2.0 可以用于实现单点登录，允许用户在一个身份提供者（如社交媒体平台）上进行身份验证，并在多个应用程序之间共享身份验证信息。这样用户只需登录一次，即可访问多个应用程序，提供了更好的用户体验。
- 移动应用程序授权：OAuth 2.0 适用于移动应用程序，允许用户使用其社交媒体账号或其他身份提供者进行身份验证，并授权应用程序访问其受保护的资源。这在移动应用程序中实现用户登录和访问权限控制非常常见。
- 企业应用程序授权：OAuth 2.0 可以用于企业内部应用程序的授权，允许员工使用其企业身份验证来访问内部资源。这在企业内部的应用程序集成和访问控制中非常有用。

　　综上所述，OAuth 2.0 适用于各种场景，包括第三方应用程序授权、API 访问授权、单点登录、移动应用程序授权和企业应用程序授权等。它提供了一种安全、灵活和可扩展的授权机制，为不同应用程序和服务之间的身份验证和资源访问提供了标准化的解决方案。

10.2.3　OAuth 2.0 的基本流程

　　在对 OAuth 2.0 的交互流程进行介绍前，我们需要了解参与其中的角色的身份和作用。OAuth 2.0 中主要存在以下 4 种角色：

- 资源所有者（Resource Owner）：是能够对受保护的资源授予访问权限的实体，即资源的所有者，一般为用户。
- 资源服务器（Resource Server）：持有受保护的资源，允许持有访问令牌（Access Token）的请求访问受保护的资源。
- 客户端（Client）：持有资源所有者的授权，可以代表资源所有者对受保护的资源进行访问，也被称为第三方应用。
- 授权服务器（Authorization Server）：对资源所有者的授权进行认证，成功后向客户端发送访问令牌。

　　OAuth 2.0 的基本流程如图 10-5 所示。

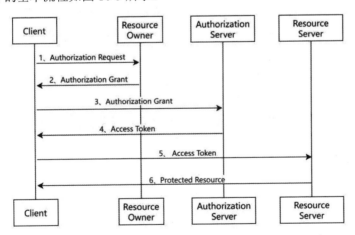

图 10-5　OAuth 2.0 的基本流程

　　OAuth 2.0 的基本流程主要包含以下 6 个步骤：

步骤01 客户端请求资源所有者的授权。

步骤02 资源所有者同意授权，返回授权许可（Authorization Grant），代表资源所有者的授权凭证。

步骤03 客户端携带授权许可要求授权服务器进行认证，请求访问令牌。

步骤04 授权服务器对客户端进行身份验证，并认证和授权许可，如果有效，则返回访问令牌。

步骤05 客户端携带访问令牌向资源服务器请求受保护资源的访问。

步骤06 资源服务器验证访问令牌，如果有效，则接受访问请求，返回受保护的资源。

10.2.4　OAuth 2.0 的授权模式

客户端必须得到用户的授权（Authorization Grant），才能获得令牌（Access Token）。OAuth 2.0 定义了 4 种授权方式。

- 授权码模式（Authorization Code）：功能最完整、流程最严密的授权模式。它的特点就是通过客户端的后台服务器，与服务提供商的认证服务器进行互动。

- 简化模式（Implicit）：不通过第三方应用程序的服务器，直接在浏览器中向认证服务器申请令牌，跳过了授权码这个步骤，因此得名。所有步骤在浏览器中完成，令牌对访问者是可见的，且客户端不需要认证。

- 密码模式（Resource Owner Password Credentials）：用户向客户端提供自己的用户名和密码。客户端使用这些信息，向服务提供商索要授权。

- 客户端模式（Client Credentials）：客户端以自己的名义，而不是以用户的名义，向服务提供商进行认证。严格地说，客户端模式并不属于 OAuth 框架所要解决的问题。在这种模式中，用户直接向客户端注册，客户端以自己的名义要求服务提供商提供服务，其实不存在授权问题。

10.3　Spring Cloud 如何实现认证和授权

前面介绍了微服务架构中认证和授权面临的问题，以及常用的认证和授权机制，其中包括目前流行的 OAuth 2.0 组件。然而，在微服务架构下，如果每个微服务都要独立实现一套鉴权操作，将会导致冗余和重复劳动。那么，微服务架构是如何解决认证和授权问题的呢？接下来，我们将学习如何在微服务架构下搭建统一的认证和授权服务。

10.3.1　实现方案

目前，解决微服务架构认证和授权问题常见的方案是整合 Spring Cloud Gateway、Spring Cloud Security 和 OAuth 2.0 等组件，创建独立的认证和授权服务作为整个系统的核心组件，负责处理用户的身份验证、权限控制和令牌管理等任务，以提供统一的认证和授权功能。

在微服务架构中，鉴权服务大致分为以下 4 个角色。

● 客户端：需要访问微服务资源。

● 网关：负责转发、认证、鉴权。

● OAuth 2.0 授权服务：负责认证、授权并颁发令牌。

● 微服务集合：提供资源的一系列服务。

方案的认证鉴权流程大致如下：

（1）客户端发出请求给网关获取令牌。

（2）网关收到请求，直接转发给授权服务。

（3）授权服务验证用户名、密码等一系列身份，通过则颁发令牌给客户端。

（4）客户端携带令牌请求资源，请求直接到网关。

（5）网关对令牌进行校验（验签、过期时间校验等）和鉴权（对当前令牌携带的权限），以及与访问资源所需的权限进行比对，如果权限验证通过，则转发给对应的微服务。

（6）微服务进行逻辑处理并返回处理结果。

整个流程的架构如图 10-6 所示。

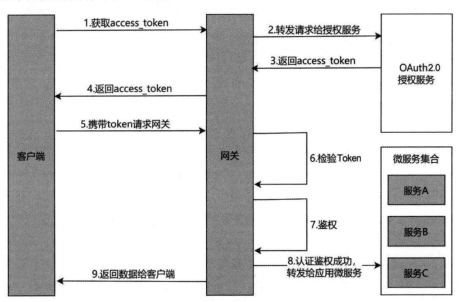

图 10-6　微服务认证和授权的流程

10.3.2 准备工作

前面介绍了使用 OAuth 进行认证和授权的技术方案，针对上述方案，需要提前完成以下准备工作：

首先手动创建父工程 1001-spring-cloud-auth2-security，引入 Spring Boot 和 Spring Cloud 等组件。

然后创建注册中心 spring-cloud-eureka-server、服务网关 spring-cloud-gateway-server、认证服务 spring-cloud-auth-service 和后台管理服务 spring-cloud-school-service 等模块，也可以将原先的项目复制过来修改。

具体项目结构如表 10-2 所示。

表10-2　OAuth 2.0认证和授权项目结构

服务名称	功　　能
spring-cloud-eureka-server	注册中心
spring-cloud-gateway-server	网关服务
spring-cloud-auth-service	OAuth 2.0 认证和授权服务
spring-cloud-order-service	订单管理服务

10.3.3 搭建认证和授权服务

步骤 01 新建认证服务 spring-cloud-auth-service 模块，并修改 pom.xml 文件，添加 OAuth 2.0、Security 等依赖。示例代码如下：

```xml
<!--springboot && spring cloud-->
<dependency>
    <groupId>org.springframework.boot</groupId>
    <artifactId>spring-boot-starter-web</artifactId>
</dependency>
<dependency>
    <groupId>org.springframework.cloud</groupId>
    <artifactId>spring-cloud-starter-netflix-eureka-client</artifactId>
</dependency>
<dependency>
    <groupId>org.springframework.boot</groupId>
    <artifactId>spring-boot-starter-actuator</artifactId>
</dependency>
<dependency>
    <groupId>org.springframework.boot</groupId>
    <artifactId>spring-boot-starter-test</artifactId>
</dependency>
```

```xml
<dependency>
    <groupId>org.springframework.cloud</groupId>
    <artifactId>spring-cloud-starter-openfeign</artifactId>
</dependency>
<!--授权-->
<dependency>
    <groupId>org.springframework.cloud</groupId>
    <artifactId>spring-cloud-starter-security</artifactId>
</dependency>
<dependency>
    <groupId>org.springframework.cloud</groupId>
    <artifactId>spring-cloud-starter-oauth2</artifactId>
</dependency>
<!--数据库-->
<dependency>
    <groupId>com.baomidou</groupId>
    <artifactId>mybatis-plus-boot-starter</artifactId>
    <version>3.3.2</version>
</dependency>
<!-- https://mvnrepository.com/artifact/mysql/mysql-connector-java -->
<dependency>
    <groupId>mysql</groupId>
    <artifactId>mysql-connector-java</artifactId>
    <version>5.1.47</version>
</dependency>
```

步骤02 Security 核心配置。

在 spring-cloud-auth-service 模块中，创建 config 包，并增加 Security 核心配置，包括 WebSecurityConfig、AuthorizationServer、SecurityUserDetailService、TokenConfig 等配置类。

（1）在 spring-cloud-auth-service 模块中创建 WebSecurityConfig 配置类，示例代码如下：

```java
@Configuration
@EnableGlobalMethodSecurity(prePostEnabled = true)
public class WebSecurityConfig extends WebSecurityConfigurerAdapter {


    @Autowired
    private SuccessHandler successHandler;

    @Autowired
    private FailureHandler failureHandler;

    @Autowired
    private LogoutHandler logoutHandler;
```

```java
@Bean
public PasswordEncoder passwordEncoder() {
    return new BCryptPasswordEncoder();
}


@Bean
@Override
public AuthenticationManager authenticationManagerBean() throws Exception {
    return super.authenticationManagerBean();
}



@Override
protected void configure(HttpSecurity http) throws Exception {
    http.csrf().disable().formLogin()
            .loginProcessingUrl("/login").permitAll()
            .successHandler(successHandler).permitAll()
            .failureHandler(failureHandler).permitAll().and()
            .logout().logoutSuccessHandler(logoutHandler).and()
            .authorizeRequests()
            .antMatchers("/**").permitAll();

    }
}
```

（2）在 spring-cloud-auth-service 模块中创建 AuthorizationServer 配置类，示例代码如下：

```java
@Configuration
@EnableAuthorizationServer
public class AuthorizationServer extends AuthorizationServerConfigurerAdapter {


    @Autowired
    private AuthorizationCodeServices authorizationCodeServices;

    @Autowired
    private AuthenticationManager authenticationManager;

    @Autowired
    private AuthorizationServerTokenServices tokenService;

    @Autowired
    @Qualifier("myClientDetailsService")
    private ClientDetailsService clientService;

    /**
     * 配置客户端详细信息服务
```

```
      */
      @Override
      public void configure(ClientDetailsServiceConfigurer clients) throws Exception
{

          clients.withClientDetails(clientService);
      }

      @Bean("myClientDetailsService")
      public ClientDetailsService clientDetailsService(DataSource dataSource,
PasswordEncoder passwordEncoder) {
          JdbcClientDetailsService clientDetailsService = new
JdbcClientDetailsService(dataSource);
          clientDetailsService.setPasswordEncoder(passwordEncoder);
          return clientDetailsService;
      }


      /**
       * 令牌访问端点
       */
      @Override
      public void configure(AuthorizationServerEndpointsConfigurer endpoints) {
          endpoints
                  .authenticationManager(authenticationManager)
                  .authorizationCodeServices(authorizationCodeServices)
                  .tokenServices(tokenService)
                  .allowedTokenEndpointRequestMethods(HttpMethod.POST)
                  .exceptionTranslator(new WebResponseTranslator());

      }

      /**
       * 令牌访问端点安全策略
       */
      @Override
      public void configure(AuthorizationServerSecurityConfigurer security) {
          security
                  .tokenKeyAccess("permitAll()")
                  .checkTokenAccess("permitAll()")
                  .allowFormAuthenticationForClients();
      }
  }
```

（3）在 spring-cloud-auth-service 模块中创建 WebSecurityConfig 配置类，示例代码如下：

```
@Service
```

```
@Slf4j
public class SecurityUserDetailService implements UserDetailsService {

    @Autowired
    private UserService userService;

    @Autowired
    private PermissionService permissionService;


    @Override
    public UserDetails loadUserByUsername(String username) {

        UserEntity user = userService.getUserByUsername(username);
        if (user == null) {
            return null;
        }
        //获取权限
        List<PermissionEntry> permissions =
permissionService.getPermissionsByUserId(user.getId());
        List<String> codes =
permissions.stream().map(PermissionEntry::getCode).collect(Collectors.toList());
        String[] authorities = null;
        if (CollectionUtils.isNotEmpty(codes)) {
            authorities = new String[codes.size()];
            codes.toArray(authorities);
        }
        //身份令牌
        String principal = JSON.toJSONString(user);
        return
User.withUsername(principal).password(user.getPassword()).authorities(authorities).
build();
    }
}
```

除上面三个核心配置类外，还有自定义异常、登录失败、登录成功等处理类。

步骤 03 修改 spring-cloud-auth-service 模块中的 application.yml 文件，增加相关配置，示例代码如下：

```
server:
  port: 9500

spring:
  application:
    name: uaa-server
```

```
    datasource:
      url:
jdbc:mysql://localhost:3306/auth?useUnicode=true&characterEncoding=UTF-8&useSSL=fal
se&serverTimezone=Asia/Shanghai
      username: root
      password: 123456
      driver-class-name: com.mysql.jdbc.Driver

  mybatis-plus:
    mapper-locations: classpath:/mapper/*.xml
    global-config:
      db-config:
        id-type: auto

  eureka:
    client:
      #表示是否将自己注册到 EurekaServer，默认为 true
      register-with-eureka: true
      #是否从 EurekaServer 抓取已有的注册信息，默认为 true。单节点无所谓，集群必须设置为 true
才能配合 Ribbon 使用负载均衡
      fetchRegistry: true
      service-url:
        defaultZone: http://localhost:8761/eureka/

  #暴露监控
  management:
    endpoints:
      web:
        exposure:
          include: '*'
```

10.3.4　网关集成认证和授权

前面搭建了一个独立的授权服务，还需要在网关上进行统一的认证。接下来，通过示例演示如何在 Spring Cloud Gateway 网关集成 OAuth 2.0 实现网关认证。

如何搭建 Spring Cloud Gateway 网关，这里不再赘述，在 1001-spring-cloud-auth2-security 父项目新建 spring-cloud-gateway-server 模块即可。

步骤01 创建网关项目并添加依赖。

需要添加 OAuth 2.0 相关的依赖。示例代码如下：

```xml
<dependency>
    <groupId>org.springframework.cloud</groupId>
    <artifactId>spring-cloud-starter-gateway</artifactId>
</dependency>
```

```
<dependency>
    <groupId>org.springframework.cloud</groupId>
    <artifactId>spring-cloud-starter-netflix-eureka-client</artifactId>
</dependency>
<!--授权-->
<dependency>
    <groupId>org.springframework.cloud</groupId>
    <artifactId>spring-cloud-starter-security</artifactId>
</dependency>
<dependency>
    <groupId>org.springframework.cloud</groupId>
    <artifactId>spring-cloud-starter-oauth2</artifactId>
</dependency>
```

步骤 02 自定义授权管理器。

新建 GatewayFilterConfig 过滤器，实现 GlobalFilter 和 Ordered 两个接口。认证管理的作用就是获取传递过来的令牌，并对其进行解析、验签和过期时间判定。

● 放行所有的 OPTION 请求。

● 判断某个请求（url）用户是否有权限访问。

● 所有不存在的请求（url）直接无权限访问。

自定义授权管理器，判断用户是否有权限访问，此处进行简单判断。示例代码如下：

```
@Component
@Slf4j
public class GatewayFilterConfig implements GlobalFilter, Ordered {


    @Autowired
    private TokenStore tokenStore;


    @Override
    public Mono<Void> filter(ServerWebExchange exchange, GatewayFilterChain chain) {
        String requestUrl = exchange.getRequest().getPath().value();
        AntPathMatcher pathMatcher = new AntPathMatcher();
        //1.放行认证和授权相关接口
        if (pathMatcher.match("/api/auth/**", requestUrl)) {
            return chain.filter(exchange);
        }
        //2.检查Token是否存在
        String token = getToken(exchange);
        if (StringUtils.isBlank(token)) {
            return noTokenMono(exchange);
        }
```

```
        //3.判断是否为有效的 Token
        OAuth2AccessToken oAuth2AccessToken;
        try {
            oAuth2AccessToken = tokenStore.readAccessToken(token);
            Map<String, Object> additionalInformation =
oAuth2AccessToken.getAdditionalInformation();
            //取出用户身份信息
            String principal = MapUtils.getString(additionalInformation, "user_name");
            //获取用户权限
            List<String> authorities = (List<String>)
additionalInformation.get("authorities");
            JSONObject jsonObject=new JSONObject();
            jsonObject.put("principal",principal);
            jsonObject.put("authorities",authorities);
            //给 header 添加值
            String base64 =
EncryptUtil.encodeUTF8StringBase64(jsonObject.toJSONString());
            ServerHttpRequest tokenRequest =
exchange.getRequest().mutate().header("json-token", base64).build();
            ServerWebExchange build =
exchange.mutate().request(tokenRequest).build();
            return chain.filter(build);
        } catch (InvalidTokenException e) {
            log.info("无效的 token: {}", token);
            return invalidTokenMono(exchange);
        }
    }


    /**
     * 获取 Token
     */
    private String getToken(ServerWebExchange exchange) {
        String tokenStr = exchange.getRequest().getHeaders().getFirst
("Authorization");
        if (StringUtils.isBlank(tokenStr)) {
            return null;
        }
        String token = tokenStr.split(" ")[1];
        if (StringUtils.isBlank(token)) {
            return null;
        }
        return token;
    }


    /**
     * 无效的 Token
     */
```

```
private Mono<Void> invalidTokenMono(ServerWebExchange exchange) {
    JSONObject json = new JSONObject();
    json.put("status", HttpStatus.UNAUTHORIZED.value());
    json.put("data", "无效的token");
    return buildReturnMono(json, exchange);
}

private Mono<Void> noTokenMono(ServerWebExchange exchange) {
    JSONObject json = new JSONObject();
    json.put("status", HttpStatus.UNAUTHORIZED.value());
    json.put("data", "没有token");
    return buildReturnMono(json, exchange);
}


private Mono<Void> buildReturnMono(JSONObject json, ServerWebExchange exchange) {
    ServerHttpResponse response = exchange.getResponse();
    byte[] bits = json.toJSONString().getBytes(StandardCharsets.UTF_8);
    DataBuffer buffer = response.bufferFactory().wrap(bits);
    response.setStatusCode(HttpStatus.UNAUTHORIZED);
    //指定编码，否则在浏览器中会出现中文乱码
    response.getHeaders().add("Content-Type", "text/plain;charset=UTF-8");
    return response.writeWith(Mono.just(buffer));
}


@Override
public int getOrder() {
    return 0;
}
}
```

步骤 **03** TokenConfig 配置。

示例代码如下：

```
/@Configuration
public class TokenConfig {

    /**
     * 密钥串
     */
    private static final String SIGNING_KEY = "weiz";


    @Bean
    public TokenStore tokenStore() {
        return new JwtTokenStore(accessTokenConverter());
    }
```

```
    @Bean
    public JwtAccessTokenConverter accessTokenConverter() {
        JwtAccessTokenConverter converter = new JwtAccessTokenConverter();
        converter.setSigningKey(SIGNING_KEY);
        return converter;
    }
}
```

步骤 04 修改 application.yml 配置文件。

修改 spring-cloud-gateway-server 模块中的 application.yml 文件，增加网关和路由等配置。示例代码如下：

```
server:
  port: 9000

spring:
  application:
    name: gateway
  cloud:
    gateway:
      routes:
        - id: order-service
          uri: lb://order-service
          predicates:
            - Path=/api/order/**
          filters:
            - RewritePath=/api/order/(?<segment>.*),/$\{segment}
        - id: uaa-server
          uri: lb://auth-service
          predicates:
            - Path=/api/auth/**
          filters:
            - RewritePath=/api/auth/(?<segment>.*),/$\{segment}
```

经过上述 4 个步骤，完整的网关已经搭建成功了。

10.3.5　搭建订单管理服务

创建 spring-cloud-order-service 服务，并在此服务中创建一个过滤器 AuthenticationFilter，用于解密网关传递的用户数据。示例代码如下：

```
@Component
public class AuthenticationFilter extends OncePerRequestFilter {

    @Override
    protected void doFilterInternal(HttpServletRequest request,
```

```
HttpServletResponse response,
                 FilterChain filterChain) throws ServletException, IOException {
       String token = request.getHeader("json-token");
       if (StringUtils.isNotBlank(token)){
           String json = EncryptUtil.decodeUTF8StringBase64(token);
           JSONObject jsonObject = JSON.parseObject(json);
           //获取用户身份信息和权限信息
           String principal = jsonObject.getString("principal");
           UserEntity user = JSON.parseObject(principal, UserEntity.class);
           JSONArray tempJsonArray = jsonObject.getJSONArray("authorities");
           String[] authorities = tempJsonArray.toArray(new String[0]);
           //身份信息、权限信息填充到用户身份 Token 对象中
           UsernamePasswordAuthenticationToken authenticationToken=new
UsernamePasswordAuthenticationToken(user,null,
                 AuthorityUtils.createAuthorityList(authorities));
           //创建 details
           authenticationToken.setDetails(new WebAuthenticationDetailsSource()
.buildDetails(request));
           //将 authenticationToken 填充到安全上下文
           SecurityContextHolder.getContext().setAuthentication(authenticationToken);
       }
       filterChain.doFilter(request,response);
   }
}
```

然后新建两个接口 AdminController 和 UserController，返回当前登录的用户信息，代码如下：

```
@RestController
@RequestMapping("/admin")
public class AdminController {


   /**
    * 管理员权限
    */
   @GetMapping("/getList")
   @PreAuthorize("hasAuthority('admin')")
   public Object getList() {
       List<Map<String, Object>> maps = new ArrayList<>();
       for (int i = 1; i <= 10; i++) {
           Map<String, Object> map = new HashMap<>();
           map.put("张三" + i, 100);
           maps.add(map);
       }
       return maps;
   }
}
```

```
@RestController
@RequestMapping("/user")
public class UserController {
    /**
     * 管理员权限或普通用户权限
     */
    @GetMapping("/info")
    @PreAuthorize("hasAnyAuthority('user','admin')")
    public Object info(HttpServletRequest request){
        Map<String,Object> map=new HashMap<>();
        map.put("张三",100);
        return map;
    }
}
}
```

上面示例中的两个接口分别代表普通权限访问和仅限管理员角色访问的权限设置。具体权限如下。

- /user/info：ROLE_admin 和 ROLE_user 都能访问。
- /admin/getList：ROLE_admin 权限才能访问。

此外，所需的权限信息已经存储在 Redis 中。

10.3.6　测试验证

前面已经将服务网关、认证服务、后台服务等模块创建好了。接下来，开始测试验证。注意：如果使用数据库进行数据存储，还需要执行 auth.sql，创建 OAuth 2.0 对应的数据库。

同时，启动如图 10-7 所示的 4 个服务。

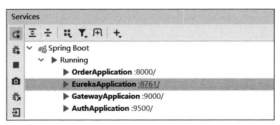

图 10-7　启动系统服务

步骤 01 用密码模式登录 user，获取令牌，如图 10-8 所示。

图 10-8　获取令牌

步骤02 使用 user 用户的令牌访问/order/user/info 接口，如图 10-9 所示。

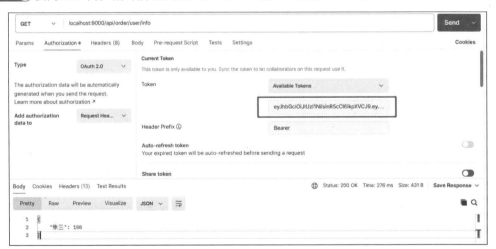

图 10-9　访问 info 接口

可以看到请求成功返回了，这是因为用户具备 ROLE_user 权限。

步骤 03 使用 user 用户的令牌访问/order/admin/getList 接口，如图 10-10 所示。

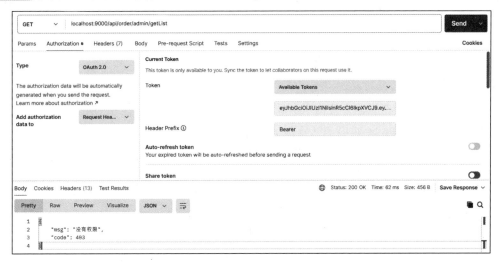

图 10-10　访问 admin 接口，无权限

可以看到，直接返回无权限访问，在网关层被拦截了，说明 user 用户没有/order/login/admin 接口的权限，登录鉴权生效。

步骤 04 使用 admin 用户获取令牌，重新访问/order/admin/getList 接口，如图 10-11 所示。

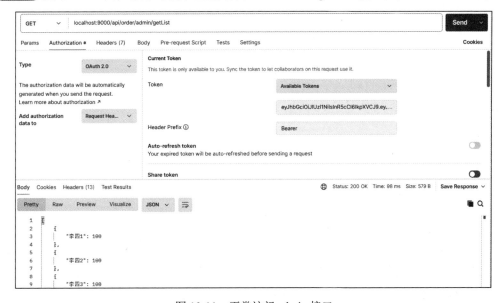

图 10-11　正常访问 admin 接口

可以看到，使用 admin 用户获取令牌后，接口正常访问，说明 admin 用户拥有 /order/login/admin 接口的权限。

10.4　本章小结

本章详细阐述了在微服务架构中实现统一的安全策略的方法，包括 OAuth 2.0 的概述以及如何通过集成 Spring Security 和 OAuth 2.0 实现单点登录。最后，还演示了如何搭建统一的认证和授权服务。

通过本章的学习，读者将获得微服务安全的关键技术，并能够在自己的项目中构建一个统一的微服务认证和授权服务。这将为读者进一步提高和深入学习提供坚实的基础。无论是在实际项目中还是在学术研究中，本章的内容都将为读者在微服务架构中实现安全认证和授权提供指导和参考。

10.5　本章练习

使用 OAuth 2.0 实现系统登录和权限验证。

第11章

集成 Prometheus+Grafana 监控服务

本章介绍微服务监控的重要性和挑战，重点讲解如何集成 Prometheus 和 Grafana 实现微服务监控，包括 Prometheus 和 Grafana 的简介、监控架构和流程、集成和配置等方面的知识。通过学习本章，读者可以了解如何实现对微服务的实时监控和性能分析，从而提高系统的可观测性和可调试性。

11.1　监控系统简介

监控是运维系统的基础。我们可以通过衡量一个公司或部门的监控系统来评估其运维水平。完善的监控系统不仅可以提高应用的可用性和可靠性，还能降低运维的投入和工作量，从而为用户带来更多的商业利益和提升客户体验。本节将带领读者深入了解监控系统。

11.1.1　什么是监控系统

监控系统，顾名思义，是由技术体系和应用程序组成的系统，用于收集、分析和报告有关被监测对象状态和性能的数据。

它通过在被监测对象（例如计算机系统、网络设备、应用程序、服务器等）上安装传感器、代理程序或利用网络协议来采集数据，实现对这些对象的运行状况、性能指标、资源使用情况、用户活动和安全事件等的实时或周期性监测。

监控系统能够直观地展示监测数据，并在性能指标超出预设阈值或出现异常情况时发出警报，从而使相关人员及时采取措施进行干预和处理。通过利用监控系统，可迅速定位问题所在，甚至可以设置预警机制，对潜在问题进行提前预防和处理，从而及时避免问题的发生。

11.1.2　监控系统的作用

监控系统在现代信息技术环境中占据着举足轻重的地位，是系统运维的关键基石。监控系统主要发挥着以下几个方面的作用。

（1）故障检测与预警：对系统、网络、应用程序和设备的运行状况进行实时监测，出现异常时及时发出警报通知相关人员。

（2）问题定位与诊断：系统出现故障或性能问题时，收集的数据能帮助快速定位问题根源，判断问题来源，提高解决效率。

（3）性能优化：长期监控系统资源使用和业务指标，发现性能瓶颈和资源利用不合理之处，为提升性能和资源高效利用提供支持。

（4）安全防范与威胁检测：对系统访问行为、数据流量、用户活动等进行监测，及时发现安全威胁和异常活动，通知采取防范措施，保护系统和数据安全。

总之，监控系统的作用重大，能检测预警故障、定位诊断问题、优化性能、规划容量、监控安全、系统审计，提升客户满意度与企业声誉。

11.1.3　监控系统的架构组件

通常监控系统是由数据采集、数据传输、数据存储、数据展示和监控告警等多个关键模块组成的，如图 11-1 所示。

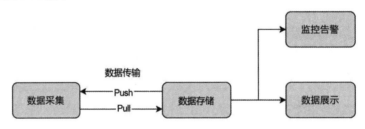

图 11-1　监控系统的组成

- 数据采集：采集方式丰富多样，如通过日志埋点采集，利用 JMX 标准接口输出监控指标，借助被监控对象提供的 REST API 来进行数据采集，运用系统命令行工具，或者通过统一的 SDK 进行侵入式的数据埋点与上报等。

- 数据传输：采集到的数据能够通过 TCP、UDP 或 HTTP 协议上报至监控系统。数据传输可采用主动 Push 模式或被动 Pull 模式。

- 数据存储：存储方案存在多种选择，既可以运用 MySQL、Oracle 等关系数据库，也能够使用时序数据库，例如 InfluxDB 等数据库进行存储。

- 数据展示：以图形化的形式展示数据指标，使用户能够直观地理解监控数据。

- 监控告警：提供灵活的告警设置机制，并且支持通过邮件、短信、即时通信等多种通知渠道进行告警通知。

11.1.4　当前流行的监控系统

目前大部分厂商都采用自研或基于开源组件的方式搭建自己的监控平台。当然，也有很多非常流行的开源监控系统，其中，最流行的莫过于 Zabbix 和 Prometheus。下面对这两种监控产品进行介绍，同时总结各自的优劣势。

1. Zabbix

Zabbix 诞生于 1998 年，由 Zabbix SIA 公司不断进行开发与维护。Zabbix 作为一款被广泛应用的开源监控软件，主要用于对网络中的服务器、网络设备、应用程序以及其他 IT 资源的性能和可用性进行监控。

Zabbix 采用了客户端/服务器（C/S）以及基于 Web 的架构模式。在 Zabbix 系统中，存在着诸如 Zabbix Server（服务器）、Zabbix Agent（代理）、数据库以及 Web 前端界面等主要组件，如图 11-2 所示。

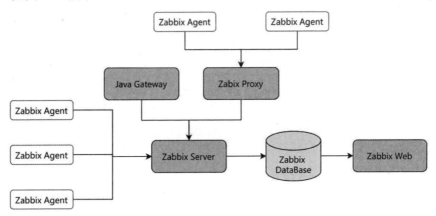

图 11-2　Zabbix 的架构

Zabbix 有以下优势。

● **产品成熟**：由于诞生时间长且使用广泛，Zabbix 拥有丰富的文档资料以及各种开源的数据采集插件，能覆盖绝大部分监控场景。

● **采集方式丰富**：Zabbix 支持 Agent、SNMP（Simple Network Management Protocol，简单网络管理协议）、JMX、SSH（Secure Shell Protocol，安全外壳协议）等多种采集方式，以及主动和被动的数据传输方式。

● **可视化界面**：提供直观的 Web 管理界面，方便用户查看监控数据、配置监控项、设置告警规则等操作。

Zabbix 有以下劣势。

- 资源消耗：随着监控规模的增大，对服务器资源（如内存、CPU）的消耗相对较高。
- 数据量大时的性能问题：在处理大量监控数据时，可能会出现性能下降，数据查询和展示的响应速度变慢等问题。
- 配置复杂：对于初次使用和配置经验不足的用户来说，配置过程可能较为复杂，需要一定的学习成本和时间投入。

2. Prometheus

随着微服务架构和容器的兴起，Zabbix 对容器监控显得力不从心。为解决监控容器的问题，Prometheus 应运而生。

Prometheus 是一套开源的系统监控报警框架，采用 Go 语言开发。得益于 Google 与 Kubernetes 的强力支持，自带云原生的光环，天然能够友好协作，使得 Prometheus 在开源社区异常火爆，如图 11-3 所示。

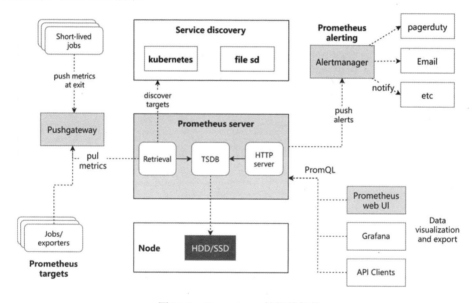

图 11-3　Prometheus 的组件架构

Prometheus 有以下优点。

（1）具备多维度数据模型与灵活查询方式，通过关联监控指标的多个标签实现数据多维组合，提供 PromQL 查询与 HTTP 查询接口，方便与 Grafana 等 GUI 组件结合展示数据。

（2）基于时序数据库，支持服务器节点本地存储，自带时序数据库，可实现每秒千万级数据存储，还能对接第三方时序数据库（如 OpenTSDB）以保存大量历史数据。

（3）定义开放指标数据标准，以 HTTP 的 Pull 方式采集时序数据，支持以 Push 方式向中间网关推送，适应多种监控场景。

（4）支持通过静态文件配置和动态发现机制探寻监控对象并自动采集数据，已支持 Kubernetes、Etcd、Consul 等多种服务发现机制。

（5）易于维护，可通过二进制文件直接启动，提供容器化部署镜像。

（6）支持集群，可进行数据分区采样与集群部署，实现大规模集群监控。

Prometheus 有以下缺点。

（1）监控范围限制：Prometheus 基于指标（Metrics）进行监控，不适用于日志（Logs）、事件（Events）、调用链（Tracing）等非指标数据的监控。

（2）数据长期存储问题：本地存储对于长期大量数据的存储可能存在一定的局限性，需要结合其他外部存储方案来解决长期数据保留问题。

（3）集群部署复杂：在大规模集群环境中部署和管理 Prometheus 集群相对复杂，需要一定的技术能力和资源投入来确保其高可用性和性能。

（4）告警功能相对简单：与一些专门的告警管理系统相比，Prometheus 的告警功能在灵活性和复杂的告警规则配置方面可能相对简单。

3. 综合对比

下面通过多维度对比 Prometheus 和 Zabbix 监控系统的优缺点，如表 11-1 所示。

表11-1　Prometheus和Zabbix监控系统的优缺点对比

比　对　项	Prometheus	Zabbix
开发语言	Go	C、PHP
性能	支持万级以上节点	上限约 1 万节点
社区支持	相对不如 Zabbix，但是使用人数逐渐增加	应用广泛，比较成熟，文档资料全面
容器支持	支持 Swarm 原生集群和 Kubernetes 容器集群监控，是目前最好的容器监控方案	出现较早，对容器支持较差
使用情况	基本上使用 Kubernetes 域容器的企业都会选择 Prometheus	在传统监控系统中使用广泛，尤其在服务器相关监控方面，占据绝对优势
部署难度	部署简单，支持 Docker 部署	部署比较复杂，根据不同的系统不同的部署采集方式

总体而言，Zabbix 的成熟度高、功能完善，不过灵活性欠佳，监控数据复杂时定制难，且定制后可能无法利用原有数据；Prometheus 上手难度稍大但定制灵活、数据聚合可能性多，使用后难度低于 Zabbix。物理机监控适合选择 Zabbix，因为其在传统服务器监控方面有优势；

在云环境下，除非 Zabbix 定制熟练，否则 Prometheus 更佳，它专为云环境设计。Prometheus 是下一代监控系统，是容器监控标配，未来将广泛应用。

11.2 使用 Prometheus+Grafana 搭建监控系统

11.1 节了解了监控系统的作用与意义、当前流行的监控组件以及它们之间的区别和优劣势。本节将介绍 Prometheus 和 Prometheus 的架构，然后以 Prometheus 为例，带领读者一步一步搭建监控系统。

11.2.1 Prometheus 的组件结构

Prometheus 是一套开源的监控系统，用于收集和存储有关系统、应用程序和服务的指标数据，并提供强大的查询功能和可视化支持，帮助用户实时了解被监控对象的性能和状态。Prometheus 的主要组件结构包括以下几个部分，如图 11-4 所示。

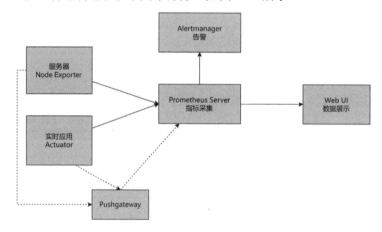

图 11-4　Prometheus 的数据采集

- Prometheus Server：核心组件，用于抓取和存储数据、执行查询与触发告警。
- Exporters：收集目标性能数据并以规定格式供 Prometheus Server 拉取。
- Pushgateway：用于暂存客户端推送的数据，供 Prometheus Server 拉取，适用于特定场景。
- Alertmanager：接收 Prometheus Server 触发的告警信息，负责告警分组、去重、抑制与发送通知。
- Web UI：提供简单界面查看配置和数据，实际常结合 Grafana 等工具展示分析。

11.2.2 安装 Prometheus Server

在 Prometheus 的架构设计中，Prometheus Server 主要负责数据的收集，存储并且对外提供数据查询支持。下面开始安装 Prometheus Server。

步骤01 下载 Prometheus，并上传到服务器：

```
#解压到/usr/local/prometheus 目录下
tar -zxvf prometheus-2.37.0.linux-amd64.tar.gz -C /usr/local/Prometheus
#修改目录名
cd /usr/local/prometheusmv prometheus-2.37.0.linux-amd64 prometheus-2.37.0
```

步骤02 启动 Prometheus Server 服务。Prometheus 的启动非常简单，只需要一个命令即可，进入/usr/local/prometheus/prometheus-2.37.0 后，执行如下命令：

```
#进入 prometheus 目录
cd /usr/local/prometheus/prometheus-2.37.0
#执行启动脚本
./prometheus --web.enable-admin-api --config.file=prometheus.yml
```

步骤03 验证 Prometheus 是否启动成功，其默认端口为 9090。在浏览器中输入 http://10.2.1.231:9090/graph，进入 Prometheus 数据展示页面，说明 Prometheus 启动成功，如图 11-5 所示。

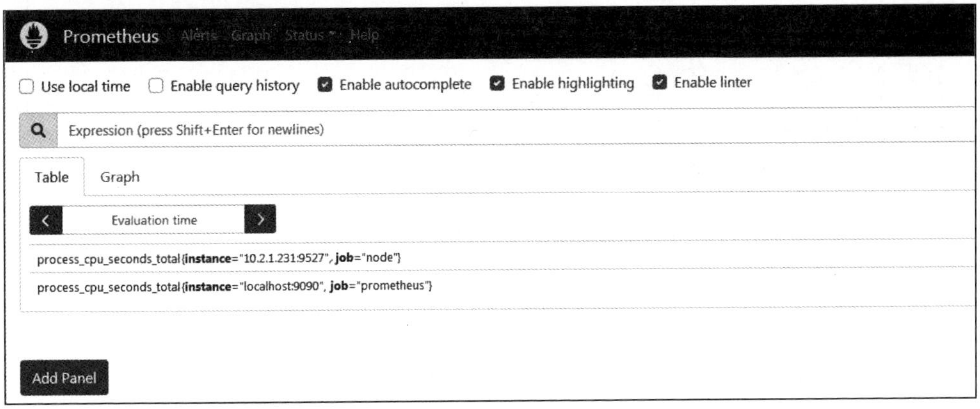

图 11-5 Prometheus 启动成功

11.2.3 安装 Node Exporter

Prometheus 提供了各种 Exporter 来收集监控样本数据。比如，node_exporter 主要负责收集服务器的资源信息，同时还提供了一个对外的 HTTP 服务端点（一般是 /metrics 路径），使 Prometheus 能够通过此地址拉取监控样本数据。接下来，对 node_exporter 进行安装。

步骤01 下载 node_exporter，并上传到服务器：

```
#解压到/usr/local/prometheus 目录下
tar -zxvf node_exporter-1.3.1.linux-amd64.tar.gz -C /usr/local/prometheus
#修改目录名
cd /usr/local/prometheusmv node_exporter-1.3.1.linux-amd64 node_exporter-1.3.1
```

步骤02 启动 node_exporter，输入如下命令：

```
#node_exporter
cd /usr/local/prometheus/node_exporter-1.3.1
#执行启动命令，指定数据访问的 URL
./node_exporter --web.listen-address 10.2.1.231:9527
```

步骤03 验证 node_exporter 是否启动成功。

在浏览器中输入上面指定的地址：http://10.2.1.231:9527/metrics，可以看到当前 node_exporter 获取到的当前主机的所有监控数据。这说明 node_exporter 启动成功，如图 11-6 所示。

```
# HELP jvm_buffer_total_capacity_bytes An estimate of the total capacity of the buffers in this pool
# TYPE jvm_buffer_total_capacity_bytes gauge
jvm_buffer_total_capacity_bytes{application="PrometheusApp",id="direct",} 81920.0
jvm_buffer_total_capacity_bytes{application="PrometheusApp",id="mapped",} 0.0
# HELP tomcat_sessions_alive_max_seconds
# TYPE tomcat_sessions_alive_max_seconds gauge
tomcat_sessions_alive_max_seconds{application="PrometheusApp",} 0.0
# HELP tomcat_sessions_active_max_sessions
# TYPE tomcat_sessions_active_max_sessions gauge
tomcat_sessions_active_max_sessions{application="PrometheusApp",} 0.0
# HELP tomcat_sessions_active_current_sessions
# TYPE tomcat_sessions_active_current_sessions gauge
tomcat_sessions_active_current_sessions{application="PrometheusApp",} 0.0
# HELP process_start_time_seconds Start time of the process since unix epoch.
# TYPE process_start_time_seconds gauge
process_start_time_seconds{application="PrometheusApp",} 1.658396919647E9
# HELP metrics_request_count_total
# TYPE metrics_request_count_total counter
metrics_request_count_total{apiCode="order",application="PrometheusApp",} 13.0
metrics_request_count_total{apiCode="product",application="PrometheusApp",} 21.0
# HELP tomcat_sessions_expired_sessions_total
# TYPE tomcat_sessions_expired_sessions_total counter
tomcat_sessions_expired_sessions_total{application="PrometheusApp",} 0.0
# HELP jvm_gc_memory_promoted_bytes_total Count of positive increases in the size of the old generation memory pool before GC to after GC
# TYPE jvm_gc_memory_promoted_bytes_total counter
jvm_gc_memory_promoted_bytes_total{application="PrometheusApp",} 3130040.0
# HELP jvm_memory_max_bytes The maximum amount of memory in bytes that can be used for memory management
# TYPE jvm_memory_max_bytes gauge
jvm_memory_max_bytes{application="PrometheusApp",area="nonheap",id="Metaspace",} -1.0
jvm_memory_max_bytes{application="PrometheusApp",area="heap",id="PS Old Gen",} 3.524788224E9
jvm_memory_max_bytes{application="PrometheusApp",area="nonheap",id="Code Cache",} 2.5165824E8
jvm_memory_max_bytes{application="PrometheusApp",area="heap",id="PS Eden Space",} 1.761083392E9
jvm_memory_max_bytes{application="PrometheusApp",area="nonheap",id="Compressed Class Space",} 1.073741824E9
jvm_memory_max_bytes{application="PrometheusApp",area="heap",id="PS Survivor Space",} 524288.0
# HELP process_cpu_usage The "recent cpu usage" for the Java Virtual Machine process
# TYPE process_cpu_usage gauge
process_cpu_usage{application="PrometheusApp",} 4.849244378514913E-6
# HELP jvm_buffer_memory_used_bytes An estimate of the memory that the Java virtual machine is using for this buffer pool
# TYPE jvm_buffer_memory_used_bytes gauge
jvm_buffer_memory_used_bytes{application="PrometheusApp",id="direct",} 81920.0
jvm_buffer_memory_used_bytes{application="PrometheusApp",id="mapped",} 0.0
# HELP jvm_gc_max_data_size_bytes Max size of old generation memory pool
# TYPE jvm_gc_max_data_size_bytes gauge
jvm_gc_max_data_size_bytes{application="PrometheusApp",} 3.524788224E9
# HELP jvm_buffer_count_buffers An estimate of the number of buffers in the pool
```

图 11-6　node_exporter 启动成功

步骤04 最后，配置 Prometheus，将新增加的 node 配置到 Prometheus。修改 Prometheus-2.37.0 文件夹下的 prometheus.yml 文件。增加新的 node 配置，具体配置如下：

```
scrape_configs:
- job_name: "prometheus"
  static_configs:
- targets: ["localhost:9090"]
- job_name: 'node'
static_configs:
- targets: ['10.2.1.231:9527']
```

修改完 prometheus.yml 文件后，重新启动 Prometheus。再次访问 Prometheus 数据展示页面，依次单击 status→target 命令，可以看到新的 Node 已经添加进来了，如图 11-7 所示。

图 11-7　添加 Node

在 Graph 页面的查询框中输入 process_cpu_seconds_total，也能搜索到如图 11-8 所示的结果。

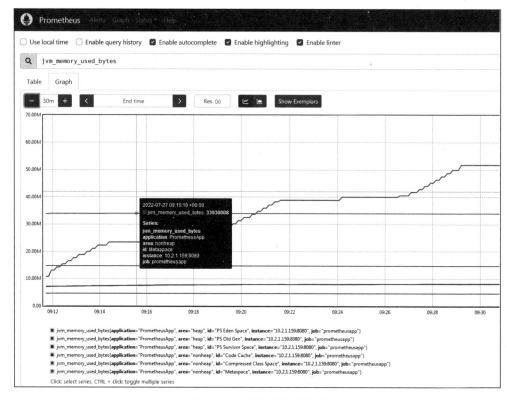

图 11-8　性能数据搜索结果

11.2.4　安装 Grafana

前面已经把 Prometheus 和 Node Exporter 安装并集成成功。Prometheus 虽然自带数据展示界面，但是不够全面，也不直观。接下来集成 Grafana 完成数据展示。

步骤01 从 Grafana 的官方网站下载 Grafana，并上传到服务器：

```
#下载 Grafana
wget https://dl.grafana.com/enterprise/release/grafana-enterprise-9.0.3.linux-
amd64.tar.gz
#解压到 tar -zxvf grafana-enterprise-9.0.3.linux-amd64.tar.gz -C
/usr/local/Prometheus
#修改目录名
cd /usr/local/prometheusmv ngrafana-enterprise-9.0.3.linux-amd64 grafana-9.0.3
```

步骤02 启动 Grafana，输入如下命令：

```
#grafana
cd /usr/local/prometheus/grafana-9.0.3/bin
```

```
#执行启动命令，指定数据访问的 URL
./grafana-server --homepath /usr/local/prometheus/grafana-9.0.3 web
```

步骤03 验证是否安装成功，Grafana 默认端口为 3000。在浏览器中输入 http://10.2.1.231:3000/，输入默认账号和密码：admin\admin。如果能正常进入 Grafana，则说明 Grafana 安装成功，如图 11-9 所示。

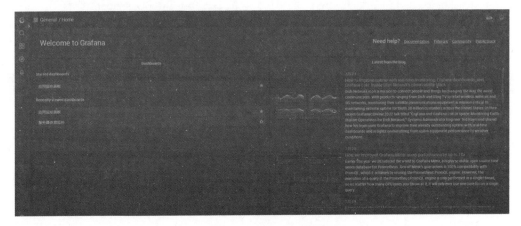

图 11-9　Grafana 安装成功

步骤04 配置 Prometheus 数据源，依次单击"设置"→Data Source 命令，按照操作添加 Prometheus 数据源，如图 11-10 所示。

单击 add data source，然后选择 Prometheus 数据源，如图 11-11 所示。

图 11-10　添加 Prometheus 数据源

图 11-11　选择 Prometheus 数据源

输入 data source 的名字以及 Prometheus 的地址：http://10.2.1.231:9090/，然后单击 Save&Test 按钮。

步骤 05 创建仪表盘 Dashboard，Grafana 支持手动创建仪表盘 Dashboard 和自动导入 Dashboard 模板两种方式。手动逐个添加 Dashboard 比较烦琐，Grafana 社区鼓励用户分享 Dashboard，通过其官方网站可以找到大量能够直接使用的 Dashboard 模板。

Grafana 中的所有 Dashboard 都通过 JSON 进行共享，下载并导入这些 JSON 文件，即可直接使用这些已经定义好的 Dashboard，如图 11-12 所示。

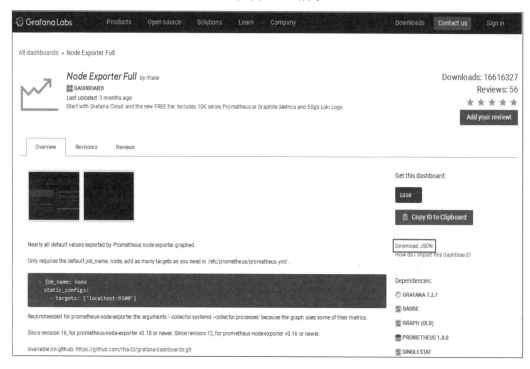

图 11-12　定义好的 Dashboard

选择自己喜欢的模板后，单击 Download JSON 下载对应的 JSON 文件，然后在 Grafana 系统中导入相应的 JSON 即可。

接下来回到 Grafana 页面，依次单击 Dashboards→Import 命令，如图 11-13 所示。

图 11-13　单击 Import 命令

选择之前下载好的 JSON 文件，将其导入，如图 11-14 所示。

图 11-14　导入 JSON 文件

单击 Import 按钮后，即可看到详细的服务器资源监控数据，如图 11-15 所示。

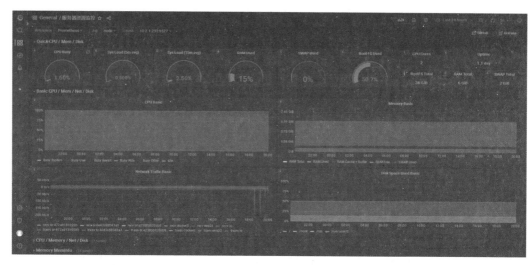

图 11-15   查看服务器资源监控数据

至此,监控系统介绍完毕,并且使用 Prometheus 和 Grafana 构建了一个初步的监控系统。

11.3   使用 Prometheus 监控 Spring Boot 的应用

前面介绍了使用 Prometheus 结合 Grafana 构建监控系统,那么,我们的应用平台怎么监控呢?应用平台中的核心业务的执行情况能否监控呢?本节将使用 Actuator、Micrometer、Prometheus 和 Grafana 监控 Spring Boot 的应用程序,自定义应用监控指标。

11.3.1   如何监控 Spring Boot 应用

当 Spring Boot 应用程序在生产环境中运行时,对其运行状况进行监控是极为必要的。只有实时掌握应用程序的运行情况,才能够在出现问题之前获取到预警,并且能够通过监控应用系统的运行状况来优化性能,提高运行效率。

Prometheus 监控 Spring Boot 应用的过程如图 11-16 所示。

可以看到,Spring Boot 应用通过 Actuator 和 Micrometer 等组件采集相关数据指标,并发送给 Prometheus,然后使用 Grafana

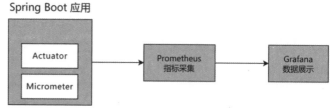

图 11-16   Spring Boot 应用的原理

进行数据展示，从而实现应用监控的功能。

11.3.2　Spring Boot 集成 Micrometer 实现数据采集

下面以 Spring Boot 为例，演示 Prometheus 如何监控应用系统。项目环境如下：

（1）Spring Boot 2.3.7.release

（2）micrometer-registry-prometheus 1.5.9

需要注意 Spring Boot 和 Micrometer 的版本号，不同的 Micrometer 版本支持的 Spring Boot 版本也不相同。

步骤 01 添加依赖。

首先创建 Spring Boot 项目，添加 actuator 和 micrometer-registry-prometheus 组件。示例代码如下：

```
<dependencies>
    <dependency>
        <groupId>org.springframework.boot</groupId>
        <artifactId>spring-boot-starter-web</artifactId>
    </dependency>

    <dependency>
        <groupId>org.springframework.boot</groupId>
        <artifactId>spring-boot-starter-actuator</artifactId>
    </dependency>

    <dependency>
        <groupId>io.micrometer</groupId>
        <artifactId>micrometer-registry-prometheus</artifactId>
        <version>1.5.9</version>
    </dependency>
</dependencies>
```

步骤 02 修改配置文件，打开 Actuator 监控端点。

修改项目中的 application.yml 配置文件，打开 Actuator 监控端点。具体配置如下：

```
spring:
  application:
    name: PrometheusApp

#Prometheus Spring Boot 监控配置
management:
  endpoints:
    web:
      exposure:
        include: '*'
  metrics:
```

```
export:
  prometheus:
    enabled: true
tags:
  application: ${spring.application.name} #暴露的数据中添加 application label
```

上面的配置中，include=*配置为开启 Actuator 服务，Spring Boot Actuator 自带一个 /actuator/Prometheus 的监控端点供 Prometheus 抓取数据。不过默认该服务是关闭的，使用该配置将打开所有的 Actuator 服务。

步骤 **03** 测试验证。

最后启动服务，在浏览器访问 http://10.2.1.159:8080/actuator/prometheus，就可以看到服务的一系列不同类型的 Metrics 信息，例如 http_server_requests_seconds summary、jvm_memory _used_bytes gauge、jvm_gc_memory_promoted_bytes_total counter 等，如图 11-17 所示。

图 11-17　查看不同类型的 Metrics 信息

至此，Spring Boot 工程集成 Micrometer 完成。接下来与 Prometheus 进行集成。

11.3.3　Prometheus 收集应用数据并展示到 Grafana

前面 Spring Boot 应用已经启动成功，并暴露了/actuator/Prometheus 的监控端点。接下来演示 Prometheus 如何采集 Spring Boot 应用监控并显示到 Grafana。

步骤 **01** 修改 Prometheus 的配置文件 prometheus.yml，添加前面启动的服务地址来执行监控：vim /usr/local/etc/prometheus.yml。具体配置如下：

```
global:
  scrape interval: 15s

scrape configs:
  - job name: "prometheus"
    #metrics path defaults to '/metrics'
    #scheme defaults to 'http'.
    static configs:
      - targets: ["localhost:9090"]

  #采集 node exporter 监控数据
  - job name: 'node'
    static configs:
      - targets: ['10.2.1.231:9527']

  - job name: 'prometheusapp'
    metrics path: '/actuator/prometheus'
    static configs:
      - targets: ['10.2.1.159:8080']
```

上面的 prometheusapp 就是前面创建的 Spring Boot 应用程序，也就是 Prometheus 需要监控的服务地址。

步骤 **02** 重启 Prometheus 服务，查看 Prometheus UI 界面，确认 Target 是否添加成功，如图 11-18 所示。

图 11-18　确认 Target 是否添加成功

在 Graph 页面执行一个简单的查询，也可以获取 PrometheusApp 服务的相关性能指标值，如图 11-19 所示。

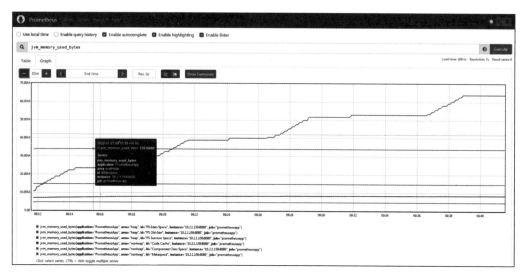

图 11-19 获取性能指标值

前面已经在 Prometheus 中正常监控 Spring Boot 应用的 JVM 性能指标数据，接下来将配置 Grafana Dashboard 来优雅、直观地展示这些监控指标。

步骤 03 下载 Grafana 模板。

之前介绍过 Grafana 使用 Dashboard 模板展示 Prometheus 的数据，这里不再重复，直接在 https://grafana.com/dashboards 下载 Spring Boot 的模板（这里使用的编号是 4701），如图 11-20 所示。

图 11-20 下载 Grafana 模板

步骤 **04** 导入模板。

下载成功后，直接在 Dashboards→Import 中将 JSON 模板导入 Grafana 即可，如图 11-21 所示。

步骤 **05** 查看应用信息。

导入完毕后，即可看到 JVM 的各项监控指标，如果有多个应用，可以通过 Application 选择想要查看的应用，如图 11-22 所示。

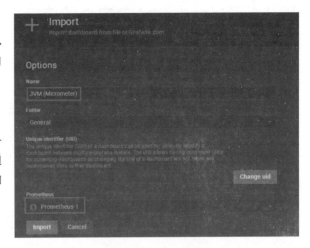

图 11-21　导入模板

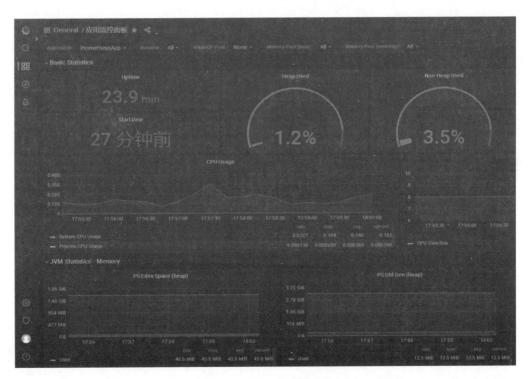

图 11-22　JVM 的监控指标

11.3.4 Spring Boot 自定义监控指标

前面介绍了在 Spring Boot 项目中整合 Actuator 和 Micrometer 实现对 Spring Boot 应用的监控，基本上涵盖 JVM 各个层面的参数指标。并且，结合 Grafana Dashboard 模板，大体能够满足我们日常对 Spring Boot 应用的监控需求。

然而，对于核心业务，是否也能监控其执行状况呢？答案是肯定的，Micrometer 支持自定义监控指标，以实现业务方面的数据监控。例如，统计访问某个 API 接口的请求数、实时在线人数以及实时接口响应时间等。

接下来，以监控所有 API 请求次数为例，展示如何自定义监控指标并在 Grafana 中呈现。

1. Spring Boot 定义监控指标

步骤01 在之前的 Spring Boot 项目中创建 CustomMetricsController 控制器，示例代码如下：

```java
@RestController
@RequestMapping("/custom/metrics")
public class CustomMetricsController {

    @Autowired
    private MeterRegistry meterRegistry;

    /**
     * 订单请求测试
     */
    @GetMapping("/order/{appId}")
    public String orderTest(@PathVariable("appId") String appId) {
        Counter.builder("metrics.request.count").tags("apiCode",
"order").register(meterRegistry).increment();
        return "order 请求成功: " +appId ;
    }

    /**
     * 产品请求测试
     */
    @GetMapping("/product/{appId}")
    public String productTest(@PathVariable("appId") String appId) {
        Counter.builder("metrics.request.count").tags("apiCode",
"product").register(meterRegistry).increment();
        return "product 请求成功: " +appId ;
    }
}
```

在上述代码中，使用 Counter 计数器定义了一个自定义指标参数 metrics_request_count 用以统计相关接口的请求次数。这里只是测试，所以直接在 Controller 类中进行统计，然而，在实际项目中，应该采用 AOP（Aspect Oriented Programming，面向切面编程）或拦截器的方式，来统计所有接口的请求信息。这样做可以减少非关键代码对业务逻辑的侵入性。

步骤 **02** 验证测试，重新启动 Spring Boot 应用。分别访问 http://10.2.1.159:8080/custom/metrics/
order/{appId} 和 http://10.2.1.159:8080/custom/metrics/product/{appId} 接 口，然 后 在
Prometheus 中查看自定义的指标数据 metrics_request_count_total，如图 11-23 所示。

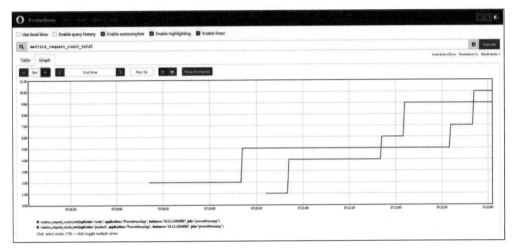

图 11-23　查看自定义的指标数据

可以看到，我们自定义的监控指标已经在 Prometheus 中显示了，说明成功在应用中配置
自定义的监控指标。

2. Grafana 展示指标数据

接下来，在 Grafana Dashboard 中展示自定义的监控指标。其实非常简单，创建一个新的
数据面板 Panel 并添加 Query 查询，相关的监控指标就以图形化展示出来。接下来演示在
Grafana 上创建数据面板。

步骤 **01** 依次单击页面右上角的 Add Panel→Add a new Panel 命令，添加一个 Panel，并命名为
"统计接口请求次数"。可以选择想要展示的图形，如连线图、柱状图等，如图 11-24
所示。

图 11-24　添加 Panel

步骤 **02** 在 Panel 的下方增加 Query 查询，选择数据源为之前定义的 Prometheus-1，指标选择之前自定义的指标数据 metrics_request_count_total，单击 apply 按钮保存之后，返回首页即可看到刚添加的 Panel，如图 11-25 所示。

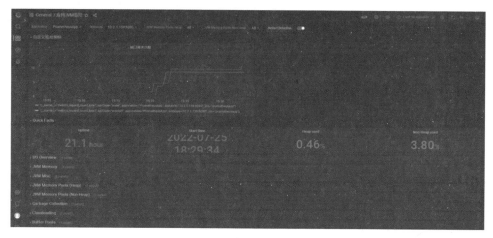

图 11-25　查看图形

可以看到，新增加的 Panel 中成功显示了我们自定义的监控数据。继续请求之前的应用接口，数据会正常刷新，这说明 Grafana 上的指标数据展示配置已成功完成。

至此，自定义监控指标并在 Grafana 的图形界面上展示的过程介绍完毕。

11.4　使用 Grafana 实现配置监控告警

前面我们已成功搭建起 Prometheus 监控系统，对服务器以及 Spring Boot 应用进行了监控。这样一来，运维人员就能够实时了解当前被监控对象的运行情况。然而，运维人员不可能时刻守在计算机旁紧盯着 Dashboard。因此，告警功能的重要性就充分显现出来了：当服务器或应用的指标出现异常时，系统能够及时发送告警，并通过邮件或短信的方式通知相关人员，让他们能够迅速做出反应并处理问题。本节将介绍如何使用 Grafana 实现监控告警。

11.4.1　告警的实现方式

Prometheus 将数据采集和告警分为两个独立模块。告警规则在 Prometheus 服务器上进行配置，并将告警信息发送到 Alertmanager 等告警系统。在告警系统中，对这些告警信息进行管理、聚合，然后通过电子邮件、短信等方式发送消息进行告警。目前，实现告警功能主要有以下几种方式：

- 使用 Prometheus 提供的 Alertmanager 告警组件（功能全面，但告警规则配置比较复杂）。
- OneAlert 等其他第三方组件（配置简单，可以实现短信、电话、微信等多种告警方式，但是依赖第三方平台，而且是收费的）。
- Grafana 等自带的告警功能（配置简单）。

与 Grafana 的图形化界面相比，Alertmanager 需要通过配置文件来实现，虽然配置过程较为烦琐，但其功能强大且灵活。接下来，我们将使用 Alertmanager 一步一步实现告警通知。

11.4.2　配置 Grafana 告警

新版本的 Grafana 提供了告警配置功能，用户可以直接在 Dashboard 的监控面板中设置告警规则。Grafana 支持多种告警方式，下面以电子邮件为例，演示如何在 Grafana 中设置邮件告警功能。

1. 配置邮件服务

步骤 01 要启用电子邮件告警功能，需要在启动配置文件/conf/default.ini 中开启 SMTP 服务，具体配置如下：

```
[smtp]
enabled = true
host = smtp.163.com:25
user = xxx@163.com  #邮件地址#If the password contains
#or ; you have to wrap it with triple quotes. Ex """password;"""
password = xxx
#授权码
cert_file =
key_file =skip_verify = true
from_address = xxx@163.com  #发件人地址
from_name = Grafana
ehlo_identity = dashboard.example.com
[emails]
welcome_email_on_sign_up = false
templates_pattern = emails/*.html
content_types = text/html
```

上面的示例中，配置的邮箱服务为网易 163 邮箱。在投入使用之前，需先于邮箱设置中开启 SMTP 服务，并获取相应的授权码。在示例配置当中，请将邮箱地址与密码替换为您自身的邮箱地址及授权码。

步骤 02 重启 Grafana 后，为了验证邮箱是否配置成功，首先单击页面上的 Alerting→Contact points 添加 Contact points，如图 11-26 所示。

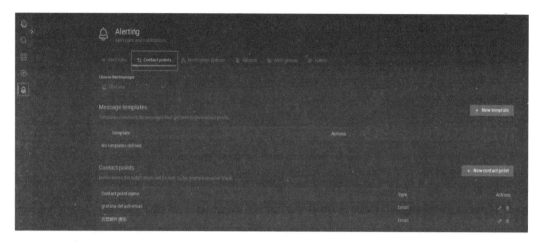

图 11-26　添加 Contact points

然后单击页面上的 New contact point 按钮，添加一个邮件通知渠道，如图 11-27 所示。

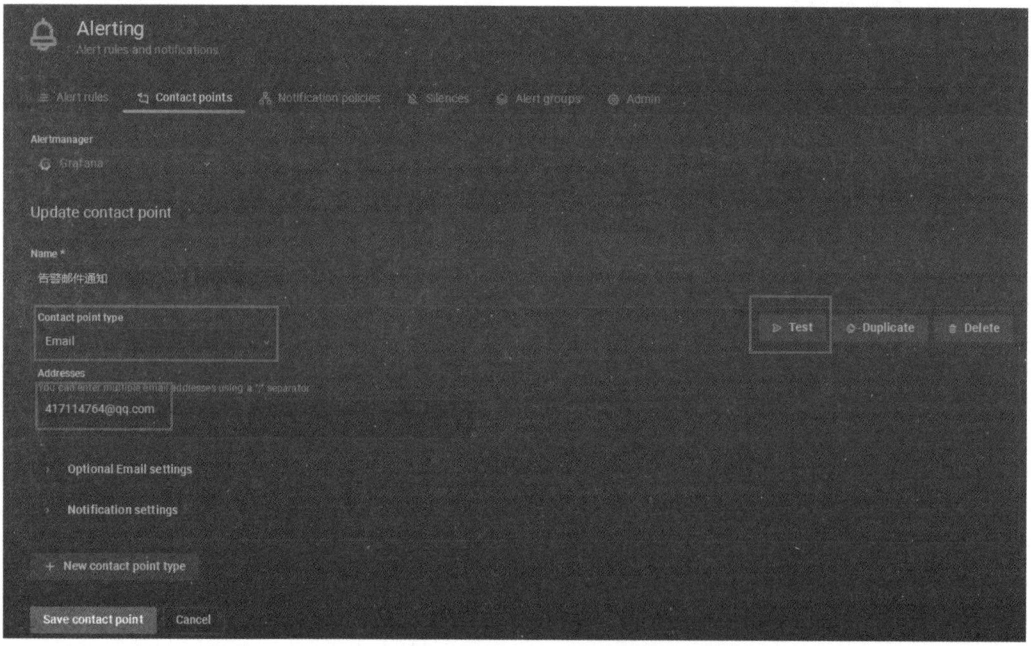

图 11-27　添加邮件通知渠道

选择邮件方式，并输入收件人的邮箱后保存，即可验证邮箱是否配置成功。单击 Test 按钮，Grafana 会发送一封测试邮件到收件人邮箱。如果能收到邮件，则说明配置成功。

2. 配置告警规则

配置好邮件发送和接收的 Contact Points 之后，接下来配置 Grafana 的告警规则。

步骤 01 创建告警规则，首先在某个 Panel 上的下拉箭头中选择 Edit→ Alert 命令，如图 11-28 所示。

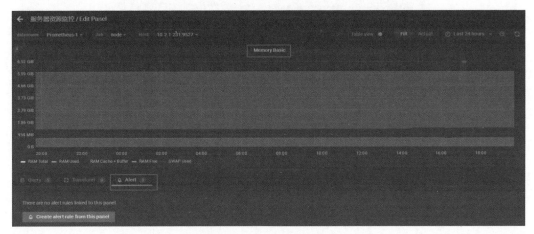

图 11-28　选择 Alert 命令

步骤 02 单击 Create alert from this panel 按钮，给此 Panel 创建告警规则，如图 11-29 所示。

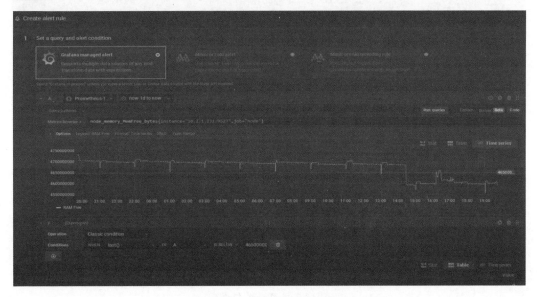

图 11-29　设置 Panel 告警规则

我们以 node_memory_MemFree_bytes（服务器可用内存）指标为例，设置告警规则：当服务器可用内存低于 4.65GB 时告警。

步骤 03 设置告警名称和间隔时间等，如图 11-30 所示。

图 11-30　设置告警名称和间隔时间等

步骤 04 设置完其他相关参数后，单击 Save 按钮保存，即可查看告警情况，如图 11-31 所示。

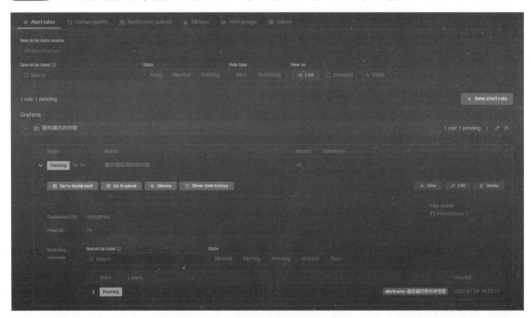

图 11-31　查看告警情况

可以看到，Grafana 已经产生了一条 Pending 状态的告警记录，当此记录变为 Firing 状态，就说明已经告警成功，并发送了邮件通知，如图 11-32 所示。

图 11-32　服务器可用内存告警

至此，Grafana 的告警功能介绍完毕。Grafana 虽然比较直观，但是相比 Alertmanager 而言不够灵活，不支持变量，如果系统不复杂的话，可以考虑使用 Grafana。

11.5　使用 Alertmanager 实现监控告警

前面介绍了如何使用 Grafana 实现监控告警功能。Grafana 在获取 Prometheus 的数据后，可以根据配置的告警规则发送告警信息。然而，Grafana 主要适用于实现一些基本的指标告警，对于更复杂或定制化的场景，它的功能可能有所不足。相比之下，Prometheus 自带了一个功能强大的告警组件——Alertmanager，它在实际的生产环境中更为常用。本节将介绍如何使用 Alertmanager 进行告警。

11.5.1　Alertmanager 的配置和安装

Alertmanager 是由 Prometheus 社区开发的一个独立组件，其旨在处理 Prometheus 监控系统所生成的警报（Alerts）。它的核心作用在于对警报通知进行管理和路由，以保证警报能够以可靠的形式发送到相应的接收者，并实施去重以及聚合等操作。

在 Prometheus 监控系统内，Prometheus 服务器会周期性地收集指标数据，并进行监控规则的计算。倘若满足规则条件，便会生成警报。此类警报需要借助某种途径通知管理员或运维人员，从而及时采取行动来处置问题。

Alertmanager 提供了以下两种告警方式：

（1）邮件接收器（email_config），通过发送邮件来进行通知。

（2）Webhook 接收器（webhook_config），采用 Post 方式向配置的 URL 地址发送数据请求。

接下来将演示 Prometheus 整合 Alertmanager 实现监控告警。

步骤01 安装 Alertmanager。

首先在 Prometheus 官方网站下载 Alertmanager 组件，并上传到服务器解压。

```
#解压到/usr/local/prometheus 目录下
tar -zxvf alertmanager-0.24.0.linux-amd64.tar.gz -C /usr/local/prometheus
#修改目录名
cd /usr/local/prometheusmv alertmanager-0.24.0.linux-amd64 alertmanager-0.24.0
```

步骤02 配置 Alertmanager。

修改 alertmanager.yml 文件，增加电子邮件等相关配置，具体如下：

```
global:
  resolve_timeout: 5m    #alertmanager 在持续多久没有收到新告警后，标记为 resolved
  smtp_from: 'xxx@163.com'              #发件人邮箱地址
  smtp_smarthost: 'smtp.163.com:25'    #邮箱 smtp 地址
  smtp_auth_username: 'xxx@163.com'     #发件人的登录用户名，默认和发件人地址一致
  smtp_auth_password: 'xxx'             #发件人的登录密码，有时是授权码
  smtp_hello: '163.com'
  smtp_require_tls:                     #是否需要 TLS 协议。默认是 true

route:
  group_by: [alertname]      #通过 alertname 的值对告警进行分类
  group_wait: 10s            #一组告警第一次发送之前等待的时延，即产生告警 10 秒将组内新产生
的消息合并发送，通常是 0 秒到几分钟（默认是 30 秒）
  group_interval: 5m         #一组已发送过初始告警通知的告警，接收到新告警后，下一次发送通知
前等待时延，通常是 5 分钟或更久（默认是 5 分钟）
  repeat_interval: 4h        #一组已经发送过通知的告警，重复发送告警的间隔，通常设置为 3 小时
或者更久（默认是 4 小时）
  receiver: 'default-receiver' #设置告警接收人

receivers:
- name: 'default-receiver'
  email_configs:
  - to: 'xxx@163.com'
    send_resolved: true          #发送恢复告警通知

inhibit_rules:                   #抑制规则
  - source_match:                #源匹配级别，若匹配成功发出通知，其他级别产生的告警将被抑制
      severity: 'critical'       #告警时间级别（告警级别根据规则自定义）
    target_match:
      severity: 'warning'        #匹配目标成功后，新产生的目标告警为'warning'将被抑制
      equal: ['alertname','dev','instance']    #基于这些标签抑制匹配告警的级别
```

　　此配置文件比较复杂，我们可以使用./amtool check-config alertmanager.yml 命令校验配置文件是否正确。

步骤 **03** 启动运行。

　　配置文件修改完成后，接下来运行 Alertmanager，具体命令如下：

```
#alertmanager
cd /usr/local/prometheus/alertmanager-0.24.0
#执行启动命令，指定数据访问的 URL
alertmanager
--config.file=/usr/local/prometheus/alertmanager-0.24.0/alertmanager.yml
```

　　命令执行成功后，在浏览器中访问 http://10.2.1.231:9093/，默认端口为 9093，如图 11-33 所示。

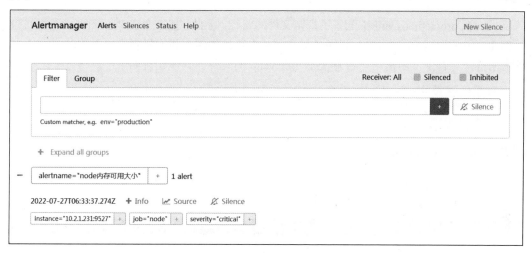

图 11-33　显示执行结果

　　可以看到，成功打开 Alertmanager 管理页面，说明 Alertmanager 配置和启动成功。

11.5.2　实现 Alertmanager 告警

　　前面讲过了，告警规则是配置在 Prometheus Servers 上的，然后发送告警信息到 Alertmanager 中。接下来，把 Alertmanager 添加到 Prometheus 中。

步骤 **01** Prometheus 告警配置。

　　修改 prometheus.yml 配置文件，增加告警地址和告警规则，具体配置如下：

```
#Alertmanager configuration
```

```
alerting:
  alertmanagers:
    - static_configs:
        - targets: [10.2.1.231:9093]

#Load rules once and periodically evaluate them according to the global
'evaluation interval'.
#加载指定的规则文件
rule_files:
  - "first.rules"
  - "rules/*.yml"
```

以上代码配置了 Alertmanager 的地址和规则文件的加载路径。告警规则是从 Prometheus 目录下的 rule 文件夹读取所有以.yml 为后缀的文件。

步骤02 配置告警规则。

前面在 prometheus.yml 中配置了规则文件的路径。因此,接下来在 Prometheus 的根目录下创建一个名为 rules 的目录。以服务器资源状态监控为例,我们将制定关于 CPU、内存和磁盘的告警。首先,创建一个名为 pods_rule.yaml 的文件。具体配置如下:

```
#加载指定的规则文件,并根据全局的 'evaluation_interval' 定期评估它们
rule files:
  - "first.rules"
  - "rules/*.yml"
```

步骤03 重启 Prometheus。

配置完成后,重启 Prometheus,访问 Prometheus 查看告警配置。在浏览器中输入 http://10.2.1.231:9090/alerts,查看告警配置是否成功,如图 11-34 所示。

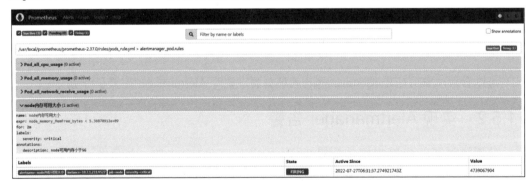

图 11-34 查看告警配置是否成功

可以看到在 Prometheus 的 Alerts 下可以看到对应的告警配置,FIRING 说明告警已成功。此时,Alertmanager 应该已经接收到相关的告警数据。要查看告警情况,请访问

http://10.2.1.231:9093/#/alerts（该 IP 为部署该应用的服务器 IP），如图 11-35 所示。

图 11-35　查看告警结果

可以看到，Alertmanager 已经产生了一条告警信息，请检查前面的告警接受邮箱，验证告警邮件是否发送成功，如图 11-36 所示。

图 11-36　查看是否收到邮件

可以看到，我们已经收到了 Alertmanager 发出的告警信息。此外，Alertmanager 的告警内容支持使用模板配置，可以使用邮件模板进行渲染，感兴趣的读者可以试试。

11.6 本章小结

  系统监控和可观测性是运维保障的核心。搭建和配置监控系统是确保微服务稳定运行的关键环节。通过监控系统,我们能够及时察觉并解决潜在问题,从而提升系统的可靠性和性能。本章首先介绍了监控系统的基本概念及其在运维工作中的重要意义和作用,并介绍了当前流行的监控组件。接着,详细阐述了 Prometheus 的相关内容,以及如何使用 Prometheus 和 Grafana 搭建监控系统。然后,展示了如何利用 Prometheus 和 Grafana 对 Spring Boot 微服务进行监控。最后,讲解了如何使用 Grafana 和 Alertmanager 实现监控告警。

  通过本章的学习,读者将掌握搭建和配置监控系统的方法,包括 Prometheus 和 Grafana 的启动与配置,以及指标数据的收集和查询。

11.7 本章练习

  (1)使用 Prometheus+Grafana 搭建一个运维监控平台,并监控某个微服务及其服务器。

  (2)自定义一个性能监控指标,并实现指标告警。

第12章

微服务全链路跟踪 SkyWalking

本章将详细介绍微服务全链路跟踪的意义及其面临的挑战，讲解 SkyWalking 作为全链路跟踪工具的基本概念、架构设计以及如何进行配置和使用。此外，还将探讨优化和调试技巧等方面的内容。通过本章的学习，读者将能够了解如何实现对微服务的全链路追踪，以及如何进行性能优化，从而提升系统的可观测性和整体性能。

12.1 全链路追踪简介

随着微服务架构的广泛应用，系统的复杂度和交互性不断提升，全链路追踪技术应运而生且愈发重要。那么，究竟什么是全链路追踪，我们又为什么需要它呢？为了回答这些问题，本节首先介绍全链路追踪的定义及其必要性，随后讲解全链路追踪的原因和实现原理，最后介绍当前流行的全链路追踪组件。

12.1.1 什么是全链路追踪

随着微服务架构和容器技术的兴起，看似简单的应用，后台可能有几十个甚至几百个服务在支撑；一个前端的请求可能需要多次服务调用才能完成。这时，当请求变慢或不可用时，我们如何快速定位服务故障点？这就需要用到全链路追踪技术。

全链路追踪通过在每个微服务中插入追踪代码或使用专门的追踪工具，记录每个微服务的调用信息和耗时情况，形成一个完整的调用链路。图 12-1 展示了一个简单的微服务架构下的完整调用链路视图。

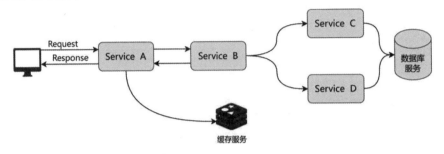

图 12-1　微服务调用链路图

通过全链路追踪，可以实现以下功能。

● 请求追踪：可以追踪一个请求在微服务系统中的流转路径，了解每个微服务的调用顺序和耗时情况。

● 性能监控：可以监控每个微服务的性能指标，如请求响应时间、吞吐量等，帮助我们发现性能瓶颈和优化机会。

● 故障定位：当系统出现故障或异常时，可以通过全链路追踪定位问题所在的微服务，快速排查和修复故障。

● 服务依赖分析：分析微服务之间的依赖关系，了解每个微服务的调用频率和调用关系，有助于优化系统架构和服务的合理拆分。

在微服务架构中，全链路追踪具有至关重要的作用。它助力开发和运维人员深入理解与管理微服务系统，增强了系统的可观察性与可维护性。并且，全链路追踪也是达成微服务治理与监控的关键手段之一。

12.1.2　为什么需要全链路追踪

随着业务规模的不断扩大，系统的复杂性也在不断增加。一个请求可能需要跨越多个微服务。传统的日志监控在定位和诊断服务异常方面变得极其复杂，已无法满足调用链路跟踪和问题排查的需求。系统面临着网络延迟、节点故障和数据一致性等多重挑战，还会遇到各种问题：

（1）如何串联整个调用链路，以快速定位问题？

（2）如何理清各个微服务之间的依赖关系？

（3）如何对各个微服务接口进行性能分析？

（4）如何跟踪整个业务流程的调用处理顺序？

例如，当用户反馈某个页面加载缓慢时，尽管我们知道请求的可能调用关系，但服务众多，每个服务还有多个实例，如何快速定位具体的异常微服务和实例？如何进行系统性能瓶颈分析？如图 12-2 所示为微服务调用链路图。

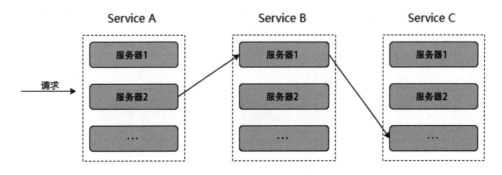

图 12-2　微服务调用链路图

这些都是微服务架构下面临的痛点问题。面对日益复杂的系统架构，急需一款全链路追踪工具来帮助我们解决这些问题，提高业务的可观测性。因此，全链路追踪技术应运而生。

全链路追踪可以帮助我们记录每个服务的处理时间、调用次数、异常信息等重要信息，从而帮助我们快速定位和解决问题。全链路追踪在提升系统的可靠性、性能、可维护性以及优化资源利用等方面发挥着不可或缺的作用，是现代分布式系统和微服务架构中必不可少的技术手段。

12.1.3　全链路追踪的实现原理

分布式系统的服务跟踪主要包括下面两个关键点。

- TraceID：服务追踪的跟踪单元，从客户端发起请求（Request）开始，到向客户端返回响应（Response）结束为一个 Trace。当请求抵达分布式系统的入口点时，服务跟踪框架需要为该请求创建一个独一无二的跟踪标识，即 TraceID。在分布式系统内部，这一唯一标识会一直保持，直至请求完成并返回。
- SpanID：作为衡量各个处理单元的时间延迟的单元，每当请求到达服务的各组件时，都会通过一个唯一标识 SpanID 来标记其起始、具体进程以及结束。每个 Span 都必须记录起始和结束两个时间节点。借由记录 Span 的起始和结束时间戳，能够计算出该 Span 的持续时长。若干有序的 Span 共同组成了一个完整的 Trace。

在微服务架构下，构建完整的调用链路视图时，需要在服务调用过程中加入 SpanID 和 TraceID。TraceID 作为链路请求的全局唯一跟踪标识，用于在整个调用链路中追踪请求的完整路径，如图 12-3 所示。

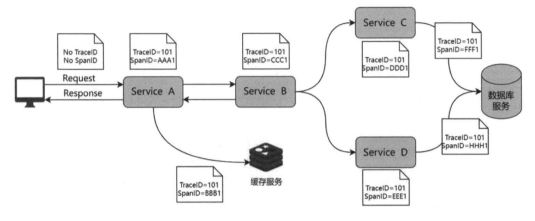

图 12-3　链路监控的原理

全链路追踪的实现原理通常包括以下几个关键步骤。

（1）生成唯一标识：当请求进入系统时，生成一个全局唯一的标识（TraceID），并将其传递给下游服务。

（2）记录请求信息：在每个服务中记录请求的详细信息，包括请求的开始时间、结束时间、处理时长、被调用服务的名称、调用的方法名称、请求参数以及响应结果等。

（3）传递唯一标识：在调用下游服务时，将这个唯一的标识（TraceID）传递给下游服务，确保下游服务也能够记录相应的请求信息。

（4）聚合请求信息：利用链路追踪工具，将所有服务的请求信息进行聚合，构建出一条完整的调用链路，并提供一个可视化界面，以便于开发人员或运维人员进行查看和分析。

总的来说，全链路追踪的实现原理主要围绕唯一标识的生成与传递、追踪数据的注入与收集以及数据的存储和分析。通过执行这些步骤，我们能够实现对微服务系统中请求的全面追踪和监控。

12.1.4　当前流行的全链路追踪组件

2010 年，Google 发表了 Dapper 论文，首次系统地阐述了分布式追踪的原理和架构，为后来的全链路追踪技术发展奠定了基础。在此之后，众多优秀的全链路追踪组件如雨后春笋般涌现出来，极大地推动了这一领域的发展和应用，如图 12-4 所示。

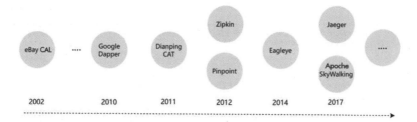

图 12-4　链路追踪组件的发展

　　这些全链路跟踪组件在不断发展的过程中，相互借鉴和影响，共同推动了分布式追踪技术的发展和进步，从而可以更好地适应日益复杂的分布式系统架构和应用需求。

　　目前，业界主流的分布式链路追踪系统包括 Zipkin、Pinpoint、SkyWalking、CAT 等，这些产品的技术原理和功能大同小异。

- Zipkin：由 Twitter 开源的分布式追踪系统。Zipkin 可以收集服务间的延迟数据，帮助用户了解系统的调用链路和性能瓶颈，以帮助优化分布式系统的性能和可靠性。
- SkyWalking：这是一款国产的、开源的应用性能监控（Application Performance Monitoring，APM）系统，对分布式系统提供了性能监控、调用链追踪、服务依赖分析等功能，支持多种语言和框架。
- Pinpoint：一款开源的应用性能监控工具，用于大规模分布式系统的监控和追踪，提供了实时的性能监控和问题诊断功能。
- CAT（Central Application Tracking）：由大众点评开源的分布式实时监控系统，功能包括实时应用监控、业务监控等，能够快速发现系统故障和性能瓶颈等问题。

　　从技术选型的角度来看，推荐使用 Pinpoint 和 SkyWalking。原因在于 Zipkin 和 CAT 对系统存在一定程度的侵入性。相比之下，Pinpoint 和 SkyWalking 都是采用基于字节码的注入技术，能够实现对现有代码的完全无侵入，对现有系统的改造影响极小。具体的技术选型说明和比较细节见表 12-1。

表12-1　全链路追踪组件的比较

特　　性	CAT	Zipkin	Pinpoint	SkyWalking
实现方式	代码埋点（拦截器、注解、过滤器等）	拦截请求，发送（HTTP、MQ）数据至 Zipkin 服务	Java 探针，字节码增强	Java 探针，字节码增强
颗粒度	代码级	接口级	方法级	方法级
存储选择	MySQL、HDFS	In-Memory、MySQL、Cassandra、ElasticSearch	HBase	ElasticSearch，H2
通信方式	-	HTTP、MQ	Thrift	GRPC

（续表）

特　　性	CAT	Zipkin	Pinpoint	SkyWalking
MQ 监控	不支持	不支持	不支持	RocketMQ、Kafka
全局调用统计	支持	不支持	支持	支持
Trace 查询	不支持	支持	不支持	支持
告警	支持	不支持	支持	支持
JVM 监控	不支持	不支持	支持	支持
优点	功能完善	1）可以 sleuth 很好地集成。 2）集成代码无侵入，过程非常简单。 3）社区更加活跃。 4）对外提供 Query 接口，更易于进行二次开发	1）完全无侵入。 2）仅需修改启动方式。 3）界面、功能完善	1）完全无侵入。 2）界面完善。 3）支持应用拓扑图查询。 4）支持单个调用链查询。 5）功能比较完善
缺点	1）代码侵入性较强，需要进行埋点。 2）文档比较混乱。 3）文档与发布版本的符合性较低。 4）需要依赖点评私服	1）默认使用 HTTP 上报信息，存在性能消耗问题。 2）与 Sleuth 结合时，可以使用 RabbitMQ 的方式异步上报，但增加了系统的复杂度。 3）Zipkin 的数据分析功能比较简单	1）不支持查询单个调用链。 2）对外表现是整个应用的调用生态。 3）二次开发难度较高	1）学习成本较高 2）3.2 版本之前版本兼容性 3）资源消耗较大
文档	网上资料较少，仅官网提供的文档，比较乱	文档完善	文档和社区资源相对较少	文档完善
开发者	大众点评	Twitter	Naver	个人（吴晟）
使用公司	大众点评、携程、陆金所、同程旅游、猎聘网、拼多多	Twitter	Naver	华为、Alibaba Cloud、京东金融

　　总的来说，Zipkin 拥有活跃的社区和易于上手的特点，但其数据上报方式可能会影响性能，且数据分析功能相对简单。Jaeger 由 Uber 开源，以其良好的扩展性和丰富的查询可视化功能而著称，但部署和配置过程较为复杂，且资源消耗较大。SkyWalking 以其无代码侵入性、功能丰富的界面和活跃的社区而受到青睐，但学习成本相对较高，在复杂环境下可能会遇到数据问题。Pinpoint 提供了详尽的性能监控和调用链追踪功能，对系统性能的影响较小，但文档和社区资源较少，且代码侵入性较高。

分布式链路追踪技术在现代分布式系统中扮演着至关重要的角色。在选择适当的分布式链路追踪技术时，需要考虑多种因素，包括性能需求、集成支持、社区生态等。此处提供的是对这些因素的一些参考和指导。

12.2　SkyWalking 简介

12.1 节详细介绍了全链路追踪的概念、意义以及目前流行的链路追踪工具。其中，目前流行的链路追踪工具包括 Zipkin 和 SkyWalking 等。接下来，我们将重点讲解 SkyWalking 链路追踪的原理和使用方法。

12.2.1　什么是 SkyWalking

SkyWalking 是一个开源的分布式系统追踪工具，用于监控和分析分布式系统的调用链路。它可以帮助开发人员实时了解系统的运行情况和性能状况，快速定位和解决问题，提高系统的可观测性和可靠性。

SkyWalking 通过在应用程序中嵌入探针来收集和分析分布式系统的调用链路信息。探针会拦截应用程序的方法调用、远程调用等操作，并将相关数据发送到 SkyWalking 服务器。SkyWalking 服务器会对收集到的数据进行收集、存储、分析和可视化展示。开发人员可以通过 SkyWalking 的界面来查看调用链路图、性能指标图表等，从而了解系统的运行情况和性能状况。

SkyWalking 整体架构如图 12-5 所示。

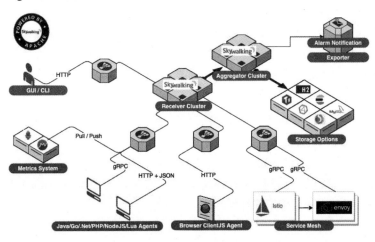

图 12-5　SkyWalking 整体架构图

SkyWalking 还提供了告警和诊断功能。它可以根据预设的规则和阈值，对系统的性能和异常情况进行监控，并及时发送告警通知。同时，它还可以帮助开发人员定位和诊断问题，提供问题排查和优化的支持。

总之，SkyWalking 是一个功能强大的分布式系统追踪工具，可以帮助开发人员实时监控和分析分布式系统的调用链路，提高系统的可观测性和可靠性。它在微服务架构和分布式系统中具有广泛的应用，是开发人员进行系统监控和性能优化的重要工具之一。

12.2.2　为什么要选择 SkyWalking

SkyWalking 提供了多种应用场景下的分布式系统链路监控解决方案，通过 Agent 方式让其具备高性能、低损耗、无侵入性的特点。与其他链路监控产品，如 Zipkin、Pinpoint、CAT 相比，SkyWalking 无论是从性能还是社区活跃度方面考虑，都具有一定的优势。

SkyWalking 作为链路追踪工具，有以下几个方面的优势。

- 全面的功能：SkyWalking 提供了全面的链路追踪功能，可以监控和分析分布式系统中的方法调用、远程调用、数据库访问等操作。它能够收集和展示系统的调用链路、性能指标、异常情况等信息，帮助开发人员快速定位和解决问题。

- 高度可扩展：SkyWalking 支持多种语言和框架，包括 Java、.NET、Python 等，适用于各种不同的应用程序和技术栈。它还支持插件机制，可以方便地扩展和定制功能，满足特定的业务需求。

- 易于部署和使用：SkyWalking 提供了简单易用的部署和配置方式，可以快速集成到现有的应用程序中。它还提供了直观的用户界面，可以方便地查看和分析系统的性能数据，无须编写复杂的查询语句。

- 开源社区支持：SkyWalking 是一个开源项目，拥有活跃的社区支持。开发人员可以参与社区讨论、贡献代码和解决问题，获取及时的技术支持和更新。

- 与 Spring Cloud 的集成：SkyWalking 与 Spring Cloud 框架紧密集成，可以无缝地与 Spring Cloud 的其他组件（如 Eureka、Ribbon、Feign 等）配合使用，提供完整的微服务监控和管理解决方案。

综上所述，选择 SkyWalking 作为链路追踪工具可以帮助开发人员实现对分布式系统的全面监控和分析，提高系统的可观测性和可靠性。它具有全面的功能、高度的可扩展性，易于部署和使用，并得到了开源社区的广泛支持。同时，与 Spring Cloud 的集成也使得 SkyWalking 成为在微服务架构中的理想选择。

12.2.3　SkyWalking 的组件架构

SkyWalking 从逻辑上分为 Agent 探针、OAP 平台后端、Storage 存储和用户界面 UI 展现 4 个部分。

- Agent 探针：负责收集数据并重新格式化以符合 SkyWalking 的要求。不同的探针支持不同的来源。
- OAP 平台后端：支持数据的聚合、分析和流处理，涵盖跟踪、指标和日志的处理。
- Storage 存储：设备通过开放/可插入的界面存储 SkyWalking 数据。用户可以选择现有的实现，例如 ElasticSearch、H2、MySQL、TiDB、InfluxDB，也可以实现自己的存储解决方案。
- UI 展现：是一个高度可定制的基于 Web 的界面，允许 SkyWalking 的最终用户可视化和管理 SkyWalking 数据。

SkyWalking 组件架构图如图 12-6 所示。

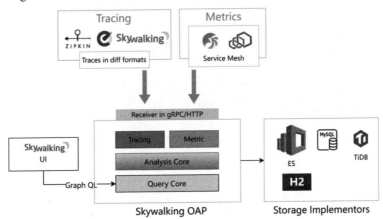

图 12-6　SkyWalking 组件架构

12.3　搭建 SkyWalking 系统

前面已经了解了 SkyWalking 的基本概念、技术优势和组成架构。接下来，将开始学习如何使用 SkyWalking 构建全链路追踪系统。在这个过程中，我们将学习如何部署和配置 SkyWalking 服务器，如何在应用程序中嵌入 SkyWalking 探针以及如何使用 SkyWalking 界面来监控和分析系统的性能数据。

12.3.1 搭建 SkyWalking 服务端

接下来，将搭建 SkyWalking 的后端服务。SkyWalking 默认使用 H2 数据库，也可以替换存储源为 ElasticSearch 以确保查询的高效性。

为了简化安装过程，这里采用 Docker Compose 来安装 SkyWalking 服务端。我们使用的 SkyWalking 版本是 8.0.1，并且选择 ElasticSearch 7.x 版本来存储链路追踪相关数据。具体步骤如下：

步骤01 使用 docker-compose 搭建 SkyWalking。创建 docker-compose-skywalking.yml 配置文件，具体代码如下：

```
version: '3'
services:
  #依赖于 ES 存储
  elasticsearch7:
    image: elasticsearch:7.8.0
    container_name: elasticsearch7
    restart: always
    ports:
    #ES 外部端口映射
    - 9200:9200
    environment:
    - discovery.type=single-node
    - bootstrap.memory_lock=true
    - "ES_JAVA_OPTS=-Xms512m -Xmx512m"
    - TZ=Asia/Shanghai
    ulimits:
      memlock:
        soft: -1
        hard: -1
    networks:
    - Skywalking
    volumes:
    - elasticsearch7:/usr/share/elasticsearch/data
  #构建 SkyWalking 服务
  oap:
    image: apache/Skywalking-oap-server:8.0.1-es7
    container_name: oap
    depends_on:
    - elasticsearch7
    links:
    - elasticsearch7
    restart: always
    ports:
    - 11800:11800
```

```
      - 12800:12800
    networks:
      - Skywalking
    volumes:
      - ./config:/skywalking/config
#SkyWalking 可视化 Web 界面
  ui:
    image: apache/skywalking-ui:8.0.1
    container_name: ui
    depends_on:
      - oap
    links:
      - oap
    restart: always
    ports:
      - 8080:8080
    environment:
      SW_OAP_ADDRESS: oap:12800
      security.user.admin.password: weiz123
    networks:
      - Skywalking

networks:
  Skywalking:
    driver: bridge

volumes:
  elasticsearch7:
    driver: local
```

在上面的 Docker Compose 配置文件中，构建并启动了三个镜像：es7.8.0、Skywalking-oap-server:8.0.1 和 Skywalking-ui:8.0.1。

步骤02 启动 SkyWalking：

```
docker-compose up -d
```

步骤03 验证测试。

当使用 docker-compose 构建好 SkyWalking 环境后，我们可以通过 Web 界面进行查看 docker-compose 构建时映射的 Web 端口号为 8080。在浏览器中访问 http://192.168.78.100:8080/，结果如图 12-7 所示。

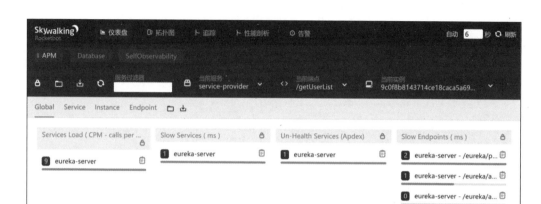

图 12-7　SkyWalking 的 UI

从 SkyWalking 页面可以看到，服务的相关数据已被成功监控，这表明 SkyWalking 搭建成功。至此，SkyWalking 就搭建完成了。

12.3.2　SkyWalking 的使用及指标参数

1. 仪表盘

仪表盘是 SkyWalking 的首页，提供了多个指示板用于可视化各类指标，例如服务（APM）、数据库（Database）等，如图 12-8 所示。

图 12-8　SkyWalking 的仪表盘

1）服务（APM）

APM 面板总体分为 4 个维度：Global（全局）、Service（服务）、Instance（实例）和 Endpoint（API），提供筛选功能，每块都包含一些指标，如图 12-9 所示。

图 12-9 SkyWalking 的 APM

（1）Global（全局）维度的性能指标如图 12-10 所示。

图 12-10 SkyWalking 的全局指标

可以看到，Global 标签页面是全局性能指标，主要有 Services Load、Slow Services、Un-Health Services 等核心指标，具体说明如下。

- Services Load：服务每分钟的请求数。
- Slow Services：慢响应服务，按响应时间排序 topN，单位为 ms（毫秒）。
- Un-Health Services：Apdex 性能指标，即服务的不健康值，1 为满分。Apdex 是根据设定的阈值和响应时间综合考虑的衡量标准，是满意响应时间和不满意响应时间相对于总响应时间的比率，衡量的是用户对服务的满意程度，因为传统的指标（如平均响应时间）很容易形成偏差。
- Slow Endpoints：慢接口平均响应耗时排序，单位为 ms。
- Global Response Latency：响应时间百分比，指的是不同百分比的请求所对应的延时时间，单位为 ms。Percentile 标签用于表示这些延时时间的分布情况。例如，p99 为 3500ms，意味着 99% 的请求响应时间应该小于 3500ms。
- Global Heatmap：服务响应时间的热力分布图，根据时间段内不同响应时间的数量显示颜色深度，颜色越深，表示请求越多。

（2）Service（服务）维度的性能指标如图 12-11 所示。

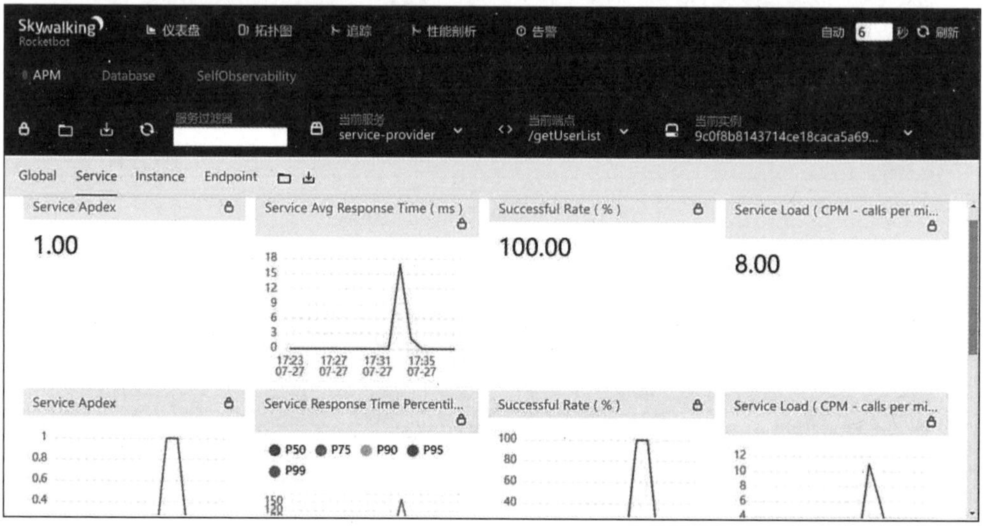

图 12-11 SkyWalking 的服务指标

可以看到，Service 标签页面展示的是服务维度的性能指标，主要有 Services Apdex、Service Avg Response Time 等几个核心指标，具体说明如下。

- Service Apdex 数字：Apdex 性能指标的数值表示。
- Service Apdex 折线图：展示一段时间内的 Apdex 分数变化趋势。
- Service Avg Response Time：服务平均响应时间。
- Service Response Time Percentile：百分比响应延时。
- Successful Rate（%）数字：请求的成功率，以百分比表示。
- Successful Rate（%）折线图：一段时间内的请求成功率的变化趋势。
- Service Load（CPM - calls per minute）数字：每分钟的调用次数。
- Service Load（CPM - calls per minute）拆线图：展示一段时间内的每分钟调用数变化趋势。
- Service Instances Load（CPM - calls per minute）：每个实例每分钟的请求数。
- Slow Service Instance：每个服务实例的平均延时 topN。
- Service Instance Successful Rate：服务实例的请求成功率 topN。

（3）Instance（实例）维度的性能指标如图 12-12 所示。

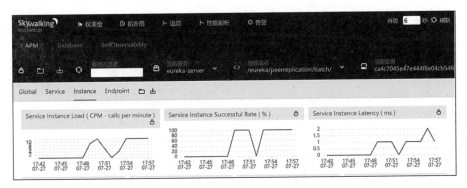

图 12-12　SkyWalking 的微服务实例指标

可以看到，Instance 标签页面展示的是实例维度的相关性能指标，主要有 Services Instance Load、Service Instance Successful Rate、JVM CPU 等几个核心指标，具体说明如下。

- Service Instance Load：实例每分钟的调用数。
- Service Instance Successful Rate：实例调用成功的比率。
- Service Instance Latency：实例的响应延时。
- JVM CPU（Java Service）：JVM 占用 CPU 的百分比。
- JVM Memory（Java Service）：JVM 内存占用大小，包含 4 个指标：instance_jvm_memory_heap（堆内存使用）、instance_jvm_memory_heap_max（最大堆内存）、instance_jvm_memory_noheap（直接内存当前使用）和 instance_jvm_memory_noheap_max（最大直接内存）。
- JVM GC Time：JVM 垃圾回收时间，包含 young gc 和 old gc。
- JVM GC Count：JVM 垃圾回收次数，包含 young gc count 和 old gc count。

（4）Endpoint（API）维度的性能指标如图 12-13 所示。

图 12-13　SkyWalking 的接口端点

可以看到，Endpoint 标签页面展示的是接口维度的相关性能指标，主要有 Endpoint Load in Current Service、Slow Endpoints in Current Service 等几个核心指标，具体说明如下。

- Endpoint Load in Current Service：每个 API 每分钟的请求数。
- Slow Endpoints in Current Service：平均响应时间最慢的 topN 个 API。
- Successful Rate in Current Service：每个 API 的请求成功率。
- Endpoint Load：当前 API 每个时间段的请求数据。
- Endpoint Avg Response Time：当前 API 每个时间段的平均响应时间。
- Endpoint Response Time Percentile：当前 API 每个时间段的响应时间。
- Endpoint Successful Rate：当前 API 每个时间段的请求成功率。

2）数据库（Database）

Database（数据库）面板如图 12-14 所示。

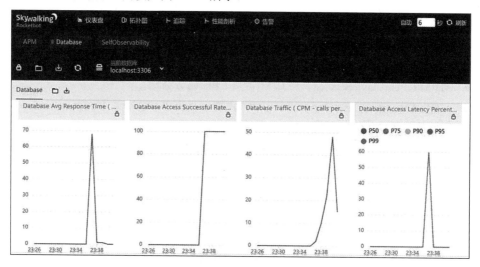

图 12-14   Database 面板

可以看到，Database 面板展示的是实例维度的相关性能指标，主要有 Database Avg Response Time、Database Access Successful Rate 等几个核心指标，具体说明如下。

- Database Avg Response Time：当前数据库的平均响应时间。
- Database Access Successful Rate：当前数据库的访问成功率。
- Database Traffic：当前数据库每分钟的请求数。
- Database Access Latency Percentile：数据库不同响应时间的占比。
- Slow Statements：当前数据库慢查询 TopN。

- All Database Loads：所有数据库中请求量的排序。
- Un-Health Databases：对所有故障的数据库进行排名，请求成功率最低的数据库会排在最前面。这通常意味着这些数据库的请求失败率较高，需要特别关注。

2. 拓扑图

拓扑图能够直观地展示服务之间的依赖关系，这对于我们进行服务梳理非常有帮助。此外，拓扑图还支持自定义分组，具体示例如图 12-15 所示。

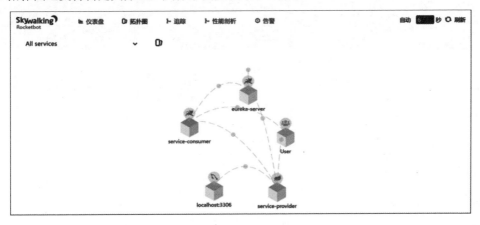

图 12-15　微服务拓扑图

除此之外，拓扑图还能查看和度量服务的运行信息，包括开发框架类型、服务平均响应时间、吞吐量、百分比响应、Apdex 分值、SLA 值等，如图 12-16 所示。

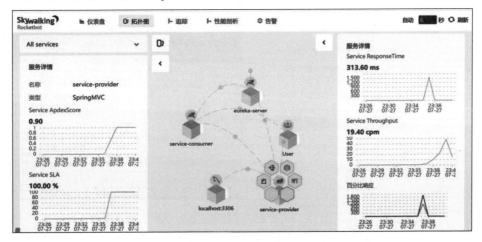

图 12-16　微服务运行信息

3. 链路追踪

链路追踪功能允许我们查看每个接口的调用链路，包括每个链路的耗时和状态。如果链路调用失败，系统还会展示相关的错误信息。对于数据库操作，链路追踪能够展示执行的查询语句；对于 Redis 操作，它能够展示具体的操作指令。此外，用户还可以根据追踪 ID（Trace ID）进行筛选和查询特定链路的信息。具体示例如图 12-17 所示。

图 12-17　请求链路追踪

查看数据库的操作详情，如图 12-18 所示。

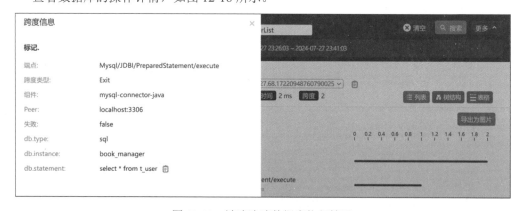

图 12-18　链路追踪数据库执行情况

4. 性能剖析

SkyWalking 在性能剖析方面非常强大，它提供了基于堆栈跟踪的分析结果。这使得开发人员能够直观地识别出调用过程中各个步骤所消耗的时间，从而有针对性地进行优化。

性能剖析可以通过创建新的分析任务来进行，对不同的端点进行采样，并提供更详细的报告。以下是进行性能剖析的步骤。

步骤01 新建任务。

进入"性能剖析"模块，单击"新建任务"，然后依次选择要监控的服务，填写端点信息，设置监控时间，操作界面如图 12-19 所示。

图 12-19　链路追踪性能剖析

注　意
每个服务在相同时间只能添加一个任务，并且添加的任务不能更改，也不能删除，只能等待过期后自动删除。

步骤02 执行请求。

多次访问/getOrderList 接口后，选择这个任务将会展示监控到的 Span 数据以及调用堆栈信息，如图 12-20 所示。

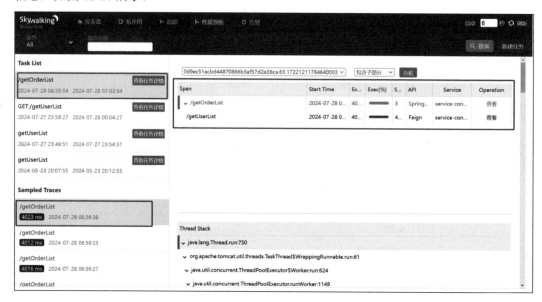

图 12-20　展示监控到的数据

12.4　Spring Boot 项目如何接入 SkyWalking

前面已经学习了 SkyWalking 的安装和使用，本节开始学习如何把 SkyWalking 集成到实际项目中，使用 SkyWalking 构建完整的全链路追踪系统。

12.4.1　Agent 简介

在链路追踪系统 SkyWalking 中，Agent 是一种用于收集应用程序性能数据的组件。它可以嵌入应用程序中，通过监控和记录关键的方法调用、数据库访问、远程调用等操作，来获取应用程序的运行情况和性能指标。

Agent 的主要功能说明如下：

● 方法级别的性能监控：Agent 可以监控和记录方法的调用次数、执行时间、异常情况等信息。通过收集这些数据，可以了解方法的性能状况，识别潜在的性能瓶颈和问题。

● 数据库访问监控：Agent 可以监控应用程序对数据库的访问操作，包括 SQL 语句的执行时间、执行次数、影响的行数等信息。这可以帮助开发人员优化数据库访问性能，减少慢查询和数据库负载。

- 远程调用监控：Agent 可以监控应用程序的远程调用，包括 HTTP 请求、RPC 调用等。它可以记录远程调用的耗时、调用次数、异常情况等信息，帮助开发人员分析和优化远程调用的性能和可靠性。
- 自定义指标监控：Agent 还支持自定义指标的监控。开发人员可以通过在代码中埋点，收集和记录自定义的业务指标，如订单处理时间、用户访问量等。这些指标可以用于业务监控和性能优化。

通过使用 Agent 探针，SkyWalking 可以实时收集和分析应用程序的性能数据，帮助开发人员了解应用程序的运行情况和性能状况。这些数据可以用于问题排查、性能优化和容量规划等方面，提高应用程序的可观测性和可靠性。

12.4.2　下载 Agent

接下来，我们学习如何安装 Probes 探针。Probes 探针支持多种语言，这里以 Java 为例，使用 Java Agent 服务器探针演示如何在 Spring Boot 项目中集成 SkyWalking。

首先，下载对应的 Java Agent，下载地址为 https://archive.apache.org/dist/skywalking/8.0.1/，如图 12-21 所示。

Index of /dist/skywalking/8.0.1

Name	Last modified	Size	Description
Parent Directory		-	
apache-skywalking-apm-8.0.1-src.tgz	2020-07-03 03:58	2.8M	
apache-skywalking-apm-8.0.1-src.tgz.asc	2020-07-03 03:58	833	
apache-skywalking-apm-8.0.1-src.tgz.sha512	2020-07-03 03:57	166	
apache-skywalking-apm-8.0.1.tar.gz	2020-07-03 03:58	135M	
apache-skywalking-apm-8.0.1.tar.gz.asc	2020-07-03 03:58	836	
apache-skywalking-apm-8.0.1.tar.gz.sha512	2020-07-03 03:58	165	
apache-skywalking-apm-es7-8.0.1.tar.gz	2020-07-03 03:58	136M	
apache-skywalking-apm-es7-8.0.1.tar.gz.asc	2020-07-03 03:58	836	
apache-skywalking-apm-es7-8.0.1.tar.gz.sha512	2020-07-03 03:58	169	

图 12-21　Java Agent 下载文件

需要注意的是，前面 SkyWalking 服务端使用的版本是 8.0.1，所以 Agent 的版本最好保持一致。

下载完成后，解压 Java Agent 服务器探针到 apache-skywalking-apm-es7-8.0.1\apache-skywalking-apm-bin-es7\agent 目录下，具体如图 12-22 所示。

名称	修改日期	类型	大小
activations	2020/6/18 20:16	文件夹	
bootstrap-plugins	2020/6/18 20:17	文件夹	
config	2020/6/18 20:01	文件夹	
logs	2020/6/18 20:01	文件夹	
optional-plugins	2020/6/18 20:18	文件夹	
plugins	2020/6/18 20:15	文件夹	
skywalking-agent.jar	2020/6/18 20:01	Executable Jar File	17,211 KB

图 12-22　Java Agent 下载文件

图 12-22 中的 skywalking-agent.jar 文件就是 SkyWalking 的 Agent 探针。应用程序需要通过 Agent 探针向 SkyWalking 的 OAP 服务上报数据。

12.4.3　如何使用 Agent

为了让 SkyWalking 能够监控当前服务的性能数据，我们需要在应用服务启动时添加一些特定的 JVM 参数。这些参数将告诉 JVM 如何通过 Agent 与 SkyWalking 服务端进行通信，并将收集到的性能数据发送到 SkyWalking 服务端。

```
    -javaagent:/自定义 path/skywalking-agent.jar
-Dskywalking.agent.service_name={service_name}
-Dskywalking.collector.backend_service={{agentUrl}} -jar xxxxxx.jar
```

具体而言，需要设置以下 JVM 参数。

- -javaagent 参数：指定 Agent 探针 JAR 包的路径。这个探针将会被加载到 JVM 中，用于拦截应用程序的方法调用和远程调用。
- -Dskywalking.agent.service_name 参数：指定当前服务的名称。这个名称将在 SkyWalking 中用于标识当前服务。
- -Dskywalking.collector.backend_service 参数：指定 SkyWalking 服务器的地址。这个地址将告诉探针将收集到的性能数据发送到哪个 SkyWalking 服务器。

需要注意的是，每个希望使用 SkyWalking 的服务都需要进行相应的参数设置。这样，SkyWalking 才能正确地识别和监控每个服务的性能数据。

12.4.4 Spring Boot 集成 SkyWalking

Spring Boot 应用集成 SkyWalking 的 Agent 探针主要有三种方式：IDEA 部署探针处理（本地开发）、JAR 包方式部署探针处理（JAR 包部署）和 Docker 方式部署探针处理（Docker 部署）。

1. IDEA 部署探针处理（本地开发）

接下来，给需要 SkyWalking 监控的服务添加 JVM 启动参数，之前配置 SkyWalking 时，通过 docker-compose 映射指定 11800 为外部通信地址。SkyWalking 数据访问地址为：服务端 IP:11800，具体如图 12-23 所示。

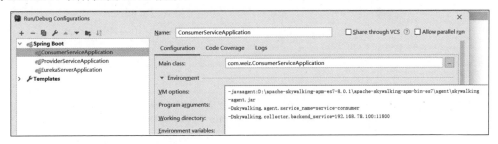

图 12-23 IDEA 配置 JVM 启动参数

将项目设置 Agent 探针参数后启动服务，访问 SkyWalking 管理端，可以看到 SkyWalking 已经获取到相关的服务实例和调用请求信息，说明探针部署成功，如图 12-24 所示。

图 12-24 SkyWalking 监控页面

2. JAR 包方式部署探针处理（JAR 包部署）

注意，以下些参数的值需要根据实际情况进行修改，以确保与当前环境和服务的配置相匹配。在复制和修改这些执行语句时，务必仔细检查和确认参数的正确性。示例代码如下：

```
java -javaagent:D:\apache-skywalking-apm-es7-8.0.1\apache-skywalking-apm-bin-
es7\agent\skywalking-agent.jar -Dskywalking.agent.service_name=service-consumer
-Dskywalking.collector.backend_service=192.168.78.100:11800 -jar spring-cloud-
consumer-0.0.1-SNAPSHOT.jar
```

3. Docker 方式部署探针处理（Docker 部署）

编写 Dockerfile 文件：

```
FROM base/Skywalking:1.0

COPY spring-cloud-consumer-0.0.1-SNAPSHOT.jar /app/app.jar

EXPOSE 9002

ENTRYPOINT java -javaagent:/app/Skywalking/agent/Skywalking-agent.jar
-DSkywalking.agent.service_name=service-consumer -DSkywalking.collector.backend_
service=192.168.78.100:11800 -Dserver.port=9002 -jar app.jar
```

构建服务镜像 order：

```
docker build -t order-demo:1.0 -f /docker/lei/Dockerfile .
```

这样，在构建好 service-consumer 后，Docker 会自动将 Skywalking-agent.jar 文件复制到容器内部。

12.5　本章小结

全链路追踪是微服务架构下系统监控与可观测性的关键组成部分，对于微服务架构至关重要。通过对请求的追踪与分析，我们可以深入了解系统的运行状况，及时发现并解决问题，从而提升系统性能和用户体验。

本章首先介绍了全链路追踪的基本概念，包括它的实现原理和进行链路追踪的重要性。随后，详细阐述了当前流行的全链路追踪工具——SkyWalking，探讨了它的技术架构和实现原理。最后，介绍了如何使用 SkyWalking 对微服务进行全链路追踪。

通过本章的学习，读者应掌握 SkyWalking 的架构和部署知识，并了解如何将 SkyWalking 集成到 Spring Cloud 应用中。借助 SkyWalking，读者可以对分布式系统的性能和问题进行深入分析，实现在微服务中的全链路追踪。

12.6　本章练习

（1）搭建 SkyWalking 系统并集成到微服务平台。

（2）使用 SkyWalking 实现某个功能的全链路监控并进行性能分析。

第13章

使用 Docker 和 Docker Compose 实现容器化部署

在当今的微服务架构领域，容器化技术已经成为实现高效部署和管理的关键手段。Docker 和 Docker Compose 作为强大的工具，为我们提供了便捷的方式来实现微服务的容器化部署。本章将详细介绍如何使用 Docker 和 Docker Compose 来编排和部署 Spring Cloud 微服务。通过本章的学习，读者将能够掌握微服务项目的打包、发布和部署技术，从而提高系统的可靠性和可维护性。

13.1　Docker 入门

在容器化技术领域，Docker 是目前最流行的工具。掌握 Docker 的基础知识和操作方法，是实现高效容器化部署的第一步。本节将带领读者走进 Docker 的世界，介绍 Docker 的基本概念、安装配置方法以及常用命令，帮助读者快速入门 Docker 技术，为后续的容器化部署打下坚实的基础。

13.1.1　Docker 简介

1. 什么是 Docker

Docker 最初是由 dotCloud 公司的创始人 Solomon Hykes 发起的一项公司内部项目。它是基于 dotCloud 公司多年的云服务技术所进行的一次创新，于 2013 年 3 月以 Apache 2.0 授权协议实现开源，其主要项目代码在 GitHub 上进行维护。后来，Docker 项目加入了 Linux 基金会，并有力推动了开放容器倡议（Open Container Initiative，OCI）。

Docker 是目前最为流行的开源容器引擎，它支持开发者将应用程序及其依赖项打包至一个可移植的容器内，进而实现应用的快速部署与运行。借助 Docker，能够确保应用在不同环境中均能以统一的方式运行，规避了因环境差异引发的应用部署与运行问题。此外，Docker 的接口设计极其简洁，用户可以方便快捷地创建和使用容器，将应用部署到容器中。并且，容器还支持版本管理、复制、分享以及修改，让容器的管理如同普通代码管理一样简便。

2. 为什么要使用 Docker

在当今的软件开发和部署领域，使用 Docker 在以下几个方面具有显著优势。

- 环境一致性与可移植性：Docker 打包应用及依赖到容器中，确保不同环境一致运行，实现"一次构建，随处运行"。
- 快速部署与高效开发：Docker 让开发人员快速创建和启动应用环境，加速开发与部署，提高效率。
- 资源优化与高效利用：Docker 容器轻量、启动快、资源少，可多实例运行，提升资源利用率。
- 版本控制与回滚：Docker 可创建不同版本的镜像，轻松切换，实现版本控制与快速回滚。
- 易于扩展与集群管理：Docker 可复制启动多容器实例横向扩展，搭配编排工具管理集群。
- 持续集成与持续部署（CI/CD）：Docker 与 CI/CD 流程集成，使软件交付更自动化高效。

综上所述，Docker 凭借其封装隔离、快速部署、资源优化、易于管理等特性，成为现代软件开发和部署中不可或缺的工具

3. Docker 的组件和架构

Docker 采用客户端/服务器（C/S）架构，主要包括 Docker 服务端（Docker Daemon）和 Docker 客户端（Docker Client），具体说明如下。

- Docker Daemon：运行在宿主机上，作为 Docker 的守护进程，负责管理 Docker 容器的生命周期，包括创建、运行、分发和监控容器。用户通过 Docker 客户端（Docker 命令）与 Docker Daemon 进行交互。
- Docker Client：Docker 命令行工具是用户与 Docker 进行交互的主要方式。Docker 客户端与 Docker Daemon 通信，发送请求并接收操作结果，然后将结果返回给用户。此外，Docker 客户端还可以通过 UNIX 套接字或 RESTful API 访问远程的 Docker Daemon。

Docker 的架构如图 13-1 所示。

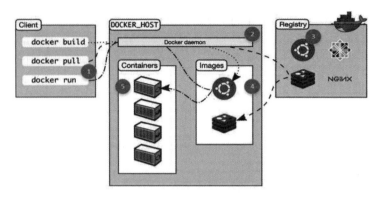

图 13-1　Docker 的架构

4. Docker 的基本概念

在深入了解 Docker 的使用之前，需要先了解一些基本概念。

（1）Docker Image（镜像）：Docker 镜像是一个只读模板，包含运行应用程序所需的所有依赖项、环境变量、配置文件等，可以基于现有的镜像或自己创建的镜像来构建应用的运行环境。

（2）Docker Container（容器）：Docker 容器是基于镜像创建的运行实例。一个镜像可以创建多个容器，每个容器都是相互隔离的运行环境。

（3）Docker Hub/Registry（仓库）：Docker 仓库用于存储和管理镜像，我们可以将自己创建的镜像推送到仓库中，以便在不同的环境中拉取和使用。

总的来说，镜像好比已打包的软件版本。启动镜像，应用软件便在容器中运行。仓库是存储镜像的服务中心地址。

13.1.2　Docker 的常用命令

在使用 Docker 进行容器化操作的过程中，熟悉常用命令至关重要。下面详细介绍常见且实用的 Docker 命令及其使用示例。

1. docker images 命令

docker images 命令用于列出本地主机上已存在的 Docker 镜像。执行该命令后，系统会以列表形式展示本地的所有镜像，包括镜像的标识（IMAGE ID）、镜像名称（REPOSITORY）、镜像标签（TAG）、镜像大小（SIZE）以及创建时间（CREATED）等信息。

示例用法：docker images。

2. docker pull<image_name>:<tag>命令

docker pull 命令用于从指定的远程仓库拉取所需的 Docker 镜像。其中，<image_name>表示要拉取的镜像名称，<tag>表示该镜像的版本标签（如果不指定<tag>，则默认拉取 latest 标签的镜像）。

示例用法：docker pull nginx:latest（拉取最新的 Nginx 镜像）。

3. docker run <image_name>:<tag>命令

docker run 命令用于基于指定的镜像创建并启动一个新的 Docker 容器。在执行该命令时，可以通过添加各种参数来配置容器的运行参数，例如指定端口映射、设置环境变量、分配卷等。

示例用法：docker run -p 8080:80 nginx:latest（基于最新的 Nginx 镜像创建一个容器，并将容器的 80 端口映射到主机的 8080 端口）。

4. docker ps 命令

docker ps 命令用于列出当前正在运行的 Docker 容器列表。执行该命令后，系统会展示正在运行的容器的相关信息，包括容器标识（CONTAINER ID）、镜像名称（IMAGE）、启动命令（COMMAND）、创建时间（CREATED）、状态（STATUS）、端口映射（PORTS）以及容器名称（NAMES）等。

示例用法：docker ps。

5. docker stop <container_id>命令

docker stop <container_id>命令用于停止指定的正在运行的 Docker 容器，需要将<container_id>替换为要停止的容器的标识。

示例用法：docker stop 1234567890abcdef（停止标识为 1234567890abcdef 的容器）。

6. docker rm <container_id>命令

docker rm <container_id>命令用于删除指定的 Docker 容器。同样，需要将<container_id>替换为要删除的容器的标识。需要注意的是，只有在停止状态的容器才能被删除。

示例用法：docker rm 1234567890abcdef（删除标识为 1234567890abcdef 的容器）。

7. docker rmi <image_id>命令

docker rmi <image_id>命令用于删除指定镜像，将<image_id>替换为要删除的镜像标识。

示例用法：docker rmi 1234567890abcdef（删除标识为 1234567890abcdef 的镜像）。

13.1.3　Spring Boot 项目添加 Docker 支持

前面介绍了什么是 Docker，接下来创建一个 Spring Boot 项目，然后添加 Docker 插件，最后对项目进行打包。

1. 创建 Spring Boot 项目

创建一个简单的 Spring Boot 项目：spring-boot-starter-docker，并添加相关的依赖和 Controller 等。

项目创建完毕，启动项目，在浏览器访问地址 http://localhost:8080/，验证项目是否创建成功，如图 13-2 所示。

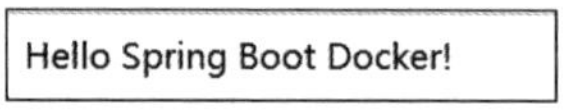

Hello Spring Boot Docker!

图 13-2　项目启动

可以看到，页面返回：Hello Spring Boot Docker!，说明 Spring Boot 项目配置正常。

2. 添加 Docker 支持

在 pom.xml 中添加 Docker 镜像名称：

```
<properties>
    <docker.image.prefix>springboot</docker.image.prefix>
</properties>
```

在上面的示例中，配置的 springboot 将作为镜像的名称。

3. 添加 Docker 构建插件

在 pom.xml 中添加 plugins 构建 Docker 镜像的插件，配置代码如下：

```
<build>
    <plugins>
        <plugin>
            <groupId>org.springframework.boot</groupId>
            <artifactId>spring-boot-maven-plugin</artifactId>
        </plugin>
        <!-- Docker maven plugin -->
        <plugin>
            <groupId>com.spotify</groupId>
            <artifactId>docker-maven-plugin</artifactId>
            <version>1.0.0</version>
            <configuration>
<imageName>${docker.image.prefix}/${project.artifactId}</imageName>
                <dockerDirectory>src/main/docker</dockerDirectory>
                <resources>
                    <resource>
```

```
                    <targetPath/></targetPath>
                    <directory>${project.build.directory}</directory>
                    <include>${project.build.finalName}.jar</include>
                </resource>
            </resources>
        </configuration>
    </plugin>
    <!-- Docker maven plugin -->
    </plugins>
</build>
```

上述配置是 Maven 针对 Docker 构建插件的配置，借助此配置能够运用 Maven 命令发布 Docker 镜像。在配置中，通过${docker.image.prefix}引用了此前定义的镜像名称。其他参数说明如下。

- ${docker.image.prefix}：自定义的镜像名称。
- <dockerDirectory>：配置 dockerfile 的路径。
- ${project.artifactId}：项目的 artifactId。
- ${project.build.directory}：构建目录，默认为 target。
- ${project.build.finalName}：产出物名称，默认为${project.artifactId}-${project.version}。

配置完成之后，在 IDEA 右边的 Maven 中，可以看到已经新添加了 Docker 构建的插件，如图 13-3 所示。

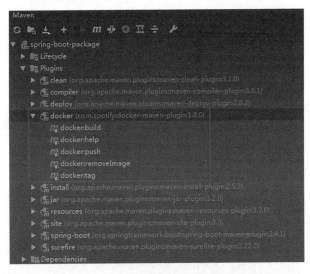

图 13-3　新添加 Docker 构建的插件

至此，我们已经成功在 Maven 中配置了 Docker 构建的插件，接下来只需要创建 Dockerfile 文件，就能自动打包发布 Docker 镜像。

13.1.4 构建、运行 Docker 镜像

前面在 Spring Boot 项目中添加了 Docker 支持，接下来构建并运行 Docker 镜像。

在此之前，先要把前面的示例代码 spring-boot-starter-docker 复制到服务器上。使用的测试服务器是 CentOS，并且该服务器已默认安装了 JDK 和 Docker。

1. 创建 Dockerfile 文件

在 src/main/docker 目录下创建一个 Dockerfile 文件，该文件包含构建镜像所需的指令。示例代码如下：

```
FROM openjdk:8-jdk-alpine
VOLUME /tmp
ADD spring-boot-docker-1.0.jar spring-boot-docker.jar
ENTRYPOINT
["java","-Djava.security.egd=file:/dev/./urandom","-jar","/spring-boot-docker.jar"]
```

这个 Dockerfile 相当简洁，它基于 JDK 8 环境构建，将 JAR 文件添加到镜像中，并使用 java -jar 命令来启动应用。

2. 生成 Docker 镜像

接下来，使用 Dockerfile 生成 Docker 镜像。进入项目的根目录，并使用以下命令生成 Docker 镜像：

```
mvn package docker:build
```

在控制台执行上述命令后，首次构建可能会比较耗时。当出现表明构建成功的内容时，即表示 Docker 镜像构建完成。构建成功的输出信息将显示在控制台，相关输出信息如图 13-4 所示。

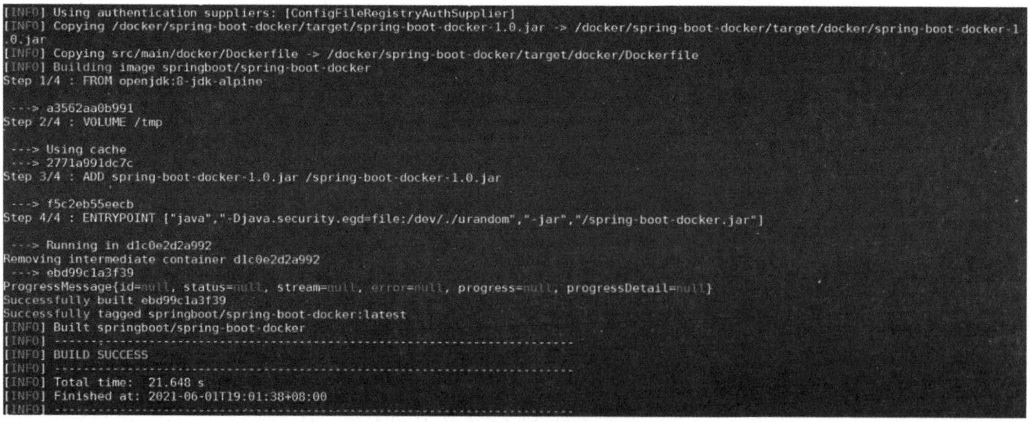

图 13-4　Docker 镜像构建完成

通过上面的输出信息可以看到，Docker 镜像已经构建成功，使用 docker images 命令查看构建好的镜像，如图 13-5 所示。

```
[root@localhost spring-boot-docker]# docker images
REPOSITORY                              TAG              IMAGE ID           CREATED
springboot/spring-boot-docker           latest           ebd99c1a3f39       8 minutes ago
```

图 13-5　Docker 镜像列表

可以看到，我们自己创建的 spring-boot-starter-docker 镜像已经构建成功了。

3. 运行 Docker 镜像

上面我们看到的 springboot/spring-boot-docker 镜像就是构建好的 Docker 镜像。接下来运行该镜像，创建并启动应用：

```
docker run -p 8080:8080 -t springboot/spring-boot-docker
```

命令执行完成之后，使用 docker ps 命令查看正在运行的镜像，如图 13-6 所示。

```
[root@localhost ~]# docker ps
CONTAINER ID    IMAGE                             COMMAND               CREATED
4570f51d16de    springboot/spring-boot-docker     "java -Djava.securit…"  23 seconds ago
```

图 13-6　正在运行的镜像

从上面的输出可以看到构建的应用正在运行，使用访问浏览器 http://10.2.1.231:8080/，返回如图 13-7 所示的结果。

Hello Spring Boot Docker!

图 13-7　Docker 应用运行结果

以上输出表示系统启动成功，能够正常访问。这说明使用 Docker 部署 Spring Boot 项目成功。

13.2　Docker Compose 入门

前面介绍了 Docker 的基本概念以及如何使用 Docker。当需要管理多个相互关联的容器时，则需要使用 Docker Compose 这个强大的容器编排工具。本节将对 Docker Compose 进行介绍，包括它的概述、安装配置以及基本语法，让读者了解如何使用 Docker Compose 轻松定义和运行多容器的应用程序，提高容器管理和部署的效率。

13.2.1 Docker Compose 简介

Docker Compose 是一个用于定义和运行多个 Docker 容器的工具。它使用简洁的 YAML 文件来描述应用程序的服务、网络和卷等配置，然后可以通过单个命令来启动、停止和管理整个应用程序的容器。通过使用 Docker Compose 配置文件，可以轻松地定义多个相互关联的容器以及它们之间的网络、卷等配置信息，然后使用一条命令来启动整个应用程序。

Docker Compose 的主要特点和功能说明如下。

- 定义多个容器：通过 Docker Compose，能够在一个 YAML 文件内定义多个容器，每个容器代表一项服务。这些服务能够彼此通信、相互协作，共同构筑一个完整的应用程序。
- 简化容器管理：Docker Compose 提供了一系列命令，能够便捷地对整个应用程序的容器进行启动、停止、重启以及删除操作，使容器的管理与维护得以简化。
- 容器间通信：Docker Compose 能够自动构建一个默认网络，让所定义的容器实现相互通信，有利于服务发现以及容器间通信的实现。
- 环境变量和卷的管理：Docker Compose 支持在 YAML 文件中定义环境变量和卷，增强了容器配置的灵活性与可配置性。可以借助环境变量传递配置信息，或者将卷挂载到容器中，用以实现数据的持久化。
- 扩展性和可组合性：Docker Compose 支持通过对多个 YAML 文件进行扩展与组合来构建复杂的应用程序。可以将不同的服务定义在不同的文件中，随后通过引用与组合来搭建整个应用程序。

Docker Compose 是一个非常实用的工具，尤其适合开发和测试环境中的多容器应用程序。它简化了容器管理和配置，提供了一种简单而强大的方法来定义和运行多个容器，加速了应用程序的开发和部署。

13.2.2 Docker Compose 的安装

安装 Docker Compose 可以有多种方式，例如通过 curl 指令下载并安装、使用二进制文件安装、使用 Docker 的存储库安装。接下来将介绍通过 curl 指令下载并安装 Docker Compose。如果对其他安装方式感兴趣，可以参考 Docker 官方文档中的安装指南。

步骤 **01** 下载 docker-compose，并将其放在/usr/local/bin/目录下：

```
    curl -L
https://github.com/docker/compose/releases/download/1.8.0/docker-compose-`uname
-s`-`uname -m` > /usr/local/bin/docker-compose
```

步骤02 为 Docker Compose 脚本添加执行权限：

```
chmod +x /usr/local/bin/docker-compose
```

步骤03 安装完成，进行测试：

```
docker-compose --version
```

在命令行中输入上面的命令，结果显示：docker-compose version 1.8.0, build f3628c7，这说明 Compose 已经成功安装了。

13.2.3　Docker Compose 的常用命令

使用 Docker Compose 来管理容器化应用程序时，下面是一些常用的 Docker Compose 命令，让我们一起来了解一下。

（1）启动应用（up）：使用 **docker-compose up** 命令可以启动 Docker Compose 文件中的全部应用程序。该命令会检查并构建镜像（如果需要），然后启动相关的容器。up 命令后常跟 -d 选项，用于在后台运行应用程序，而不是在命令行中显示日志输出。

```
$ docker-compose up -d
```

（2）停止应用（down）：使用 **docker-compose down** 命令可以停止由 up 命令启动的容器，并移除网络、删除相关的容器，这将清理掉应用程序的所有资源。例如：

```
$ docker-compose down
```

（3）停止服务（stop）：使用 **docker-compose stop** 命令可以停止已经处于运行状态的容器，但不删除它。通过 **docker-compose start** 命令可以再次启动这些容器。例如：

```
$ docker-compose stop [options] [SERVICE...]
```

（4）查看服务状态（ps）：使用 **docker-compose ps** 命令可以查看当前正在运行的容器状态。它将显示出每个服务的容器名称、状态、端口映射等信息。例如：

```
$ docker-compose ps
```

（5）构建镜像（build）：如果你对应用程序的代码或 Dockerfile 进行了修改，可以使用 **docker-compose build** 命令重新构建镜像。这将重新执行构建步骤，并生成更新后的镜像。例如：

```
$ docker-compose build
```

（6）查看日志（logs）：使用 **docker-compose logs** 命令可以查看服务栈中所有容器的日志输出。默认情况下，它会显示出所有容器的实时日志，可以使用-f 参数来保持日志的跟踪。例如：

```
$ docker-compose logs -f
```

以上是 Docker Compose 在应用部署过程中常用的命令，可以帮助用户管理和操作容器化的应用程序。同时，Docker Compose 还提供了其他命令和选项，如重启服务、扩展服务、查看配置等，可以根据需求进行使用。

注　意
这些命令需要在 docker-compose.yml 所在的配置文件中执行。

13.2.4　Docker Compose 配置文件

Docker Compose 配置文件是 Docker Compose 的核心，用于定义和管理多容器应用的配置文件。Docker Compose 配置文件默认为 docker-compose.yml，格式为 YAML 或 YML，它包含应用程序的整体结构和各个服务的配置信息。

Docker Compose 配置文件具有以下几个组成部分。

（1）version：指定 Docker Compose 文件的版本，不同版本的语法和功能可能会有所差异。

（2）services：定义应用中的各个服务（容器）。每个服务都有一系列的配置选项，例如：

- image：指定要使用的 Docker 镜像。
- ports：将容器的端口映射到主机的端口。
- environment：设置容器中的环境变量。
- volumes：定义数据卷，用于数据持久化或在容器与主机之间共享数据。
- depends_on：指定服务之间的依赖关系，控制启动顺序。

（3）networks：定义应用使用的网络，可以指定网络的名称、驱动等。

（4）volumes：独立于服务之外定义数据卷，供多个服务共享或单独使用。

以下是一个完整的 docker-compose.yml 文件及一些常见配置项：

```
version : '3'        #Compose 文件版本支持特定的 Docker 版本
services:            #本工程的服务配置列表

   swapping:         #服务名，服务名可自定义
     container_name: swapping-compose
                     #该 Spring Boot 服务之后启动的容器实例的名字，如果指定，则按照这个命名容器
                     #如果未指定，容器命名规则是"[compose 文件所在目录]_[服务名]_1"，例如
swappingdockercompose_swapping_1
                     #如果使用多实例启动，也就是 docker-compose scale swapping=3 mysql=2，
就不需要指定容器名称，否则会报错：容器名重复存在的问题
```

```
    build:                #基于 Dockerfile 文件构建镜像时使用的属性
      context: .          #代表当前目录, 也可以指定绝对路径[/path/test/Dockerfile]或相对路径
[../test/Dockerfile], 尽量放在当前目录, 便于管理
      dockerfile: Dockerfile-swapping    #指定 Dockerfile 文件名。如果 context 指定了文
件名, 这里就不用该属性了
    ports:                #影射端口属性
      - "9666:9666"       #建议使用字符串格式, 指定宿主机端口映射到本容器的端口, 前面是宿主机端
口, 后面是容器端口
    volumes:              #挂载属性
      - .:/vol/development
                          #指定[宿主机目录: 容器内目录]的挂载方式
    depends_on:           #该服务启动, 需要依赖其他哪些服务, 例如这里: mysql 服务就会先于
swapping 服务启动
      - mysql
    links:                #与 depends_on 相对应, 上面控制启动顺序, 这个控制容器连接问题
      - "mysql:mysql"     #值可以是- mysql[- 服务名], 也可以是- "mysql:mysql"[- "服务名:
别名"]
    restart: always       #是否随 Docker 服务的启动而重启
    networks:             #加入指定网络
      - my-network        #自定义的网络名
    environment:          #environment 和 Dockerfile 中的 ENV 指令一样会把变量一直保存在
镜像、容器中, 类似于 docker run -e 的效果。设置容器的环境变量
      - TZ=Asia/Shanghai      #这里设置容器的时区为亚洲上海, 也就解决了容器通过 Compose 编排
启动的时区问题

  mysql:                  #服务名叫 mysql, 自定义
    container_name: mysql-compose    #容器名
    image: mysql:5.7    #虽然没有使用 build, 但使用了 image, 指定以 mysql:5.7 镜像为基础镜
像来构建镜像。使用 build 基于 Dockerfile 文件构建, Dockerfile 文件中也有 FROM 基于基础镜像
    ports:
      - "33061:3306"
    command: [          #使用 command 可以覆盖容器启动后默认执行的命令
        '--character-set-server=utf8mb4',        #设置数据库表的字符集
        '--collation-server=utf8mb4_unicode_ci', #设置数据库表的字符序
        '--default-time-zone=+8:00'              #设置 MySQL 数据库的时区问题, 而
不是设置容器的时区问题
    ]
    environment:
      MYSQL_DATABASE: swapping                    #设置初始的数据库名
      MYSQL_ROOT_PASSWORD: 398023                 #设置 root 连接密码
      MYSQL_ROOT_HOST: '%'
    restart: always
    networks:
      - my-network
  networks:               #关于 compose 中的 networks 的详细使用
https://blog.csdn.net/Kiloveyousmile/article/details/79830810
    my-network:           #自定义的网络, 会在第一次构建时候创建自定义网络, 默认是 bridge
```

通过编写 docker-compose.yaml 文件，可以使用一条命令（如 docker-compose up）方便地启动、停止和管理整个应用的多个相关容器，简化了复杂应用的部署和运维过程。

13.3 使用 Docker Compose 编排 Spring Cloud 微服务

本节将介绍如何使用 Docker 和 Docker Compose 来编排 Spring Cloud 微服务。我们将以一个简单的 Web 应用程序为例，从项目准备、创建 Dockerfile，到编写 Docker Compose 配置文件，再到启动和管理微服务，通过详细的步骤和示例，让读者能够实际运用 Docker Compose 实现 Spring Cloud 微服务的容器化部署。

13.3.1 准备工作

开始之前，需要先准备一个 Spring Cloud 项目：1301-spring-cloud-docker-compose，或者使用之前的微服务项目示例，准备使用的示例项目如表 13-1 所示。

表 13-1 准备使用的示例项目

服务名称	服务职责
spring-cloud-eureka-server	Eureka Sever 服务注册中心
spring-cloud-client	服务消费者
spring-cloud-provider	服务提供者

13.3.2 打包 Docker 镜像

使用 Docker Compose 部署项目，首先需要将项目打包成 Docker 镜像。为了管理方便，使用 Dockerfile 生成 Docker 镜像，当然也可以使用 Maven 插件将项目打包。

步骤 01 编写 Dockerfile，分别在表 13-1 中的三个项目的根目录下创建一个 Dockerfile 文件，然后使用以下内容来定义镜像。注意修改 JAR 包的名字和端口号。Dockerfile 如下：

```
FROM java:8

RUN mkdir /app
WORKDIR /app
COPY target/spring-cloud-provider.jar /app
ENTRYPOINT ["java", "-Djava.security.egd=file:/dev/./urandom", "-jar",
"/app/spring-cloud-provider.jar", "--spring.profiles.active=docker"]
EXPOSE 8082
```

步骤 02 编写构建镜像的脚本，分别在三个项目下手动执行 Dockerfile 文件打包镜像，也可以使用 bash 脚本批量处理，在父项目中创建 buildDockerImage.sh 文件，内容如下：

```bash
#!/usr/bin/env bash
set -eo pipefail
modules=( spring-cloud-eureka-server spring-cloud-provider spring-cloud-client )
for module in "${modules[@]}"; do
    docker build -t "microservice/${module}:latest" ${module}
done
```

步骤 03 在 Docker 服务器上创建一个工作目录，把打包好的 JAR 包和对应的 Dockerfile 文件复制到该目录下，使用 tree 命令查看该文件夹下的模块目录：

```
$ tree

├── buildDockerImage.sh
├── docker-compose.yml
├── spring-cloud-client
│   ├── Dockerfile
│   └── spring-cloud-client.jar
├── spring-cloud-eureka-server
│   ├── Dockerfile
│   └── spring-cloud-eureka-server.jar
└── spring-cloud-provider
    ├── Dockerfile
    └── spring-cloud-provider.jar
```

步骤 04 构建镜像，执行 **sh buildDockerImage.sh** 命令，执行完使用 **docker images** 查看镜像，如图 13-8 所示。

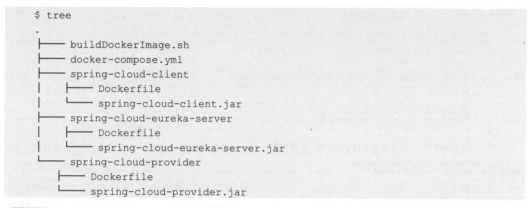

图 13-8　Docker 应用运行结果

可以看到，相关微服务的 Docker 镜像已经制作成功了。

13.3.3　Docker Compose 运行镜像

前面已经将 Docker 镜像制作成功，接下来启动这些镜像，并完成微服务的启动。

步骤 01 编写 docker-compose.yml 文件。

在项目根路径，新建一个 docker-compose.yml 文件，并添加如下内容：

```yaml
version: '2'
services:
```

```
eureka-server:
  image: microservice/spring-cloud-eureka-server
  hostname: spring-cloud-eureka-server
  ports:
    - "8761:8761"

spring-cloud-provider:
  image: microservice/spring-cloud-provider
  ports:
    - "8082:8082"
  links:
    - "spring-cloud-eureka-server"

spring-cloud-client:
  image: microservice/spring-cloud-client
  ports:
    - "8083:8083"
  links:
    - "spring-cloud-eureka-server"
    - "spring-cloud-provider"
```

在上述示例中，我们将 Eureka 服务配置成通过 hostname：spring-cloud-eureka-server 的访问方式。为什么要这么做呢？

这主要是因为：配置了 hostname 之后，集群内的所有微服务就可以通过 hostname 来访问 Eureka 服务，而不是使用具体的 IP 地址。需要注意的是，如果是在单独的服务器上部署，需要将服务器主机的 hostname 修改为 spring-cloud-eureka-server，以确保服务间能够正确地进行网络通信。

步骤02 启动容器。在 docker-compose.yml 所在路径下执行如下命令即可启动容器：

```
docker-compose up -d
```

命令执行成功后，可以看到三个服务的容器被自动创建并启动，如图 13-9 所示。

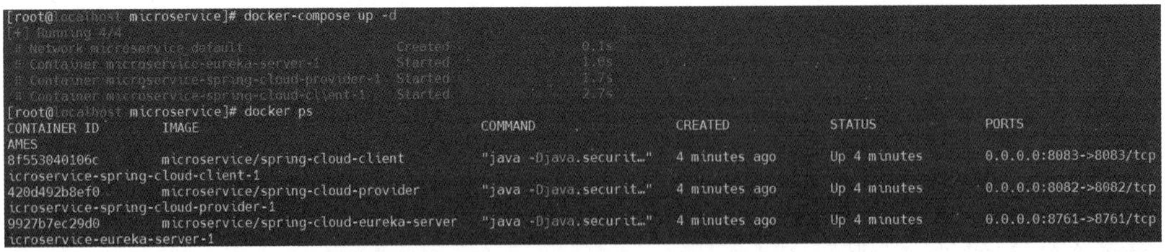

图 13-9　Docker Compose 运行结果

步骤03 测试验证，在浏览器中输入 http://192.168.78.100:8761/eureka，检查 Eureka 是否启动成功，如图 13-10 所示。

图 13-10　Eureka 启动结果

同样，在浏览器中输入 http://192.168.78.100:8082/provider/test，应该能够看到应用程序的欢迎页面，说明我们的应用程序启动成功了，如图 13-11 所示。

图 13-11　应用程序启动结果

13.4　本章小结

本章首先介绍了 Docker 和 Docker Compose 的概念，接着讲解了如何使用 Docker 和 Docker Compose 实现微服务项目的打包和发布。最后，通过一个简单的 Web 应用程序，演示了如何使用 Docker 和 Docker Compose 来构建、测试、打包、部署和监控应用程序。

通过本章的学习，读者可以了解 Docker 和 Docker Compose 的基本概念和使用方法，掌握如何自动化构建、测试、部署和管理微服务，并实现持续集成和持续部署（CI/CD），从而进一步提升操作技能。

13.5　本章练习

（1）使用 Docker 部署一个 Spring Boot 项目。
（2）使用 Docker Compose 实现微服务平台的打包和部署。

第14章

项目实战：从零开始实现图书管理系统

本章案例演示如何使用 Spring Cloud 构建图书管理系统。案例涵盖了多个关键环节，包括需求分析与架构设计、模块与功能的详细说明、开发与测试、部署与运行以及上线与运维。通过学习本章内容，读者能够将所学知识应用于实际项目实践中，提升实际操作技能，并加深对微服务架构理念的理解。

14.1 项目介绍

为了更深入地应用 Spring Cloud 技术构建项目，本章将通过实际案例介绍如何结合 Spring Boot 和 Spring Cloud 构建一个微服务项目。本节首先介绍图书管理系统的主要功能设计和技术选型，并展示如何将之前学到的知识应用到该系统中。

14.1.1 项目背景

随着数字化时代的到来，图书管理系统在图书馆和其他文化机构中扮演着越来越重要的角色。然而，传统的图书管理系统常常面临一些挑战，例如系统性能不足、可扩展性差、用户体验不佳等问题。为了解决这些问题并提升图书管理系统的效率与质量，我们决定采用现代化的微服务架构来构建一个具备高可用性、高性能和可伸缩性的分布式图书管理平台。

该平台将涵盖图书管理、借阅管理、系统管理、用户管理等功能模块，旨在满足图书馆管理员和读者的需求。采用 Spring Cloud 微服务架构，我们能够将整个系统拆分为一系列独立的服务，每个服务负责特定的业务逻辑。这样的架构设计允许每个服务独立开发、部署和扩展，从而提高系统的灵活性和可维护性。

与此同时，凭借 Spring Cloud 所提供的丰富开发工具和组件，我们能够轻松达成服务间的通信、负载均衡、容错处理等功能，进一步增强系统的可靠性与性能。引入容器化技术以及自动化部署流程，让我们可以迅速部署与扩展系统，以适应持续增长的用户需求。

14.1.2 项目目标

本项目旨在利用 Spring Cloud 微服务架构构建一个高可用性、高性能和可伸缩性的分布式图书管理平台，以提升系统的可用性、性能和可扩展性，从而提高图书管理系统的效率和质量，为图书馆和读者提供更好的图书管理体验。

具体目标包括：

- 高可用性：确保系统在面对故障或异常情况时能够保持稳定运行，提供持续可用的服务。
- 高性能：优化系统的性能，提高图书查询、借阅操作等功能的响应速度和吞吐量，以实现快速的用户体验。
- 可扩展性：采用微服务架构，将系统拆分为独立的服务，使每个服务能够独立开发、部署和扩展，提高系统的灵活性和可维护性。
- 功能完备：实现图书管理、借阅管理、系统管理、用户管理等核心功能模块，满足图书馆管理员和读者的需求。
- 安全性和权限控制：确保系统的数据和功能受到适当的保护，实现用户认证和授权机制，限制用户的访问权限。
- 系统稳定性：通过合理的系统设计和测试，确保系统的稳定性和可靠性，减少故障和错误的发生。
- 技术创新：采用现代化的技术和工具，如微服务架构、容器化、消息队列等，推动图书管理系统的技术创新和发展。

通过实现上述目标，可以提升图书管理系统的效率、可用性和用户体验，为图书馆和读者提供更好的图书管理服务。

14.2 系统架构

在完成重要的功能设计和技术选型之后，本节开始系统架构的设计，核心在于数据库设计以及系统的框架搭建。

14.2.1 技术选型

本项目采用前后端分离的模式，使用 Vue.js 作为前端开发框架，Spring Boot 作为后端开发框架，提供快速开发和便捷的配置管理。采用 Spring Cloud 作为微服务架构的基础，提供服务注册与发现、负载均衡、服务调用等功能，数据库采用 MySQL。

使用的技术栈和技术组件如下：

- 前端使用 Vue.js。
- 后端使用 Spring Boot 和 Spring Cloud。
- 注册中心采用 Eureka。
- 配置中心采用 Spring Cloud Config。
- 服务网关采用 Spring Cloud Gateway。
- 服务调用采用 Ribbon+Feign。
- 服务容错采用 Hystrix。
- 全链路监控采用 SkyWalking。

14.2.2 架构设计

图书管理系统整体架构图如图 14-1 所示。

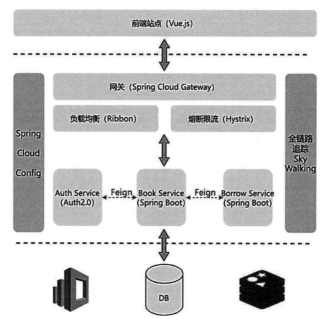

图 14-1 图书管理系统整体架构图

14.2.3 功能模块说明

图书管理系统的详细功能模块说明如图 14-2 所示。

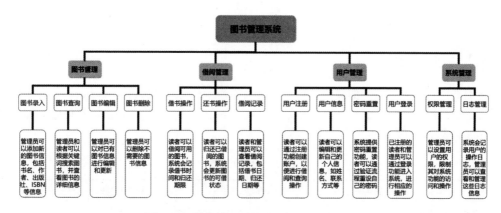

图 14-2　图书管理系统的详细功能模块说明

可以看到，每个模块都有特定的功能和操作，以满足图书管理系统的需求。具体的功能实现可以根据项目需求和设计进行进一步的开发和调整。

14.2.4　服务拆分和划分

在设计微服务架构时，我们需要将整个系统分解为一系列独立的服务，每个服务负责一部分业务逻辑。这些服务可以独立开发、部署和扩展。

- 服务划分：整个项目依据业务领域，可以划分为用户服务、权限服务、图书服务、借阅服务等业务服务。
- 服务通信：以 Spring Cloud 的 Eureka 充当服务注册中心，运用 Feign 作为声明式的 Web 服务客户端，以达成服务间的通信。
- 服务网关：采用 Spring Cloud Gateway 作为微服务网关，提供统一的入口点，以实现路由转发、权限校验等功能。
- 服务配置：借助 Spring Cloud Config 对所有微服务的配置信息进行管理。
- 权限认证：通过整合 OAuth 构建独立的权限认证服务。

每个服务都有明确的职责和功能，通过微服务架构将系统拆分为独立的服务，实现了模块化，并增强了可扩展性。这样的服务拆分和划分可以提高系统的开发效率和可维护性，同时也便于团队协作和部署。

14.3　搭建系统框架

前面介绍了具体技术选型和架构设计，本节开始搭建系统，从零开始搭建 Spring Cloud

微服务项目的基本框架。

14.3.1 项目结构

下面介绍图书管理系统的模块结构，项目名称为 weiz-cloud-book-manager，包含注册中心模块、网关模块、配置中心、用户服务、权限服务、图书管理服务、借阅管理服务等微服务，具体如表 14-1 所示。

表14-1 项目的结构

服务名称	服务职责
weiz-cloud-eureka-server	Eureka Server 服务注册中心
weiz-cloud-gateway-server	Gateway 网关服务
weiz-cloud-config-server	配置中心
weiz-cloud-system-manager	用户管理服务
weiz-cloud-auth-service	权限认证服务
weiz-cloud-book-service	图书管理服务
weiz-cloud-borrow-service	借阅管理服务
Weiz-cloud-common	公共组件库

图书管理系统的代码结构如图 14-3 所示。

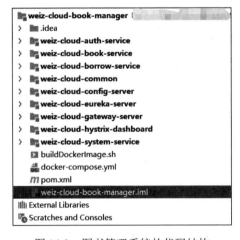

图 14-3 图书管理系统的代码结构

14.3.2 创建父工程

首先，在 IDEA 中依次单击 File→New→Project 选项，创建一个简单的 Spring Boot 项目：

weiz-cloud-parent，同时修改.pom 文件，增加具体的依赖。示例代码如下：

```xml
<?xml version="1.0" encoding="UTF-8"?>
<project xmlns="http://maven.apache.org/POM/4.0.0"
        xmlns:xsi="http://www.w3.org/2001/XMLSchema-instance"
        xsi:schemaLocation="http://maven.apache.org/POM/4.0.0
http://maven.apache.org/xsd/maven-4.0.0.xsd">
    <modelVersion>4.0.0</modelVersion>

    <parent>
        <groupId>org.springframework.boot</groupId>
        <artifactId>spring-boot-starter-parent</artifactId>
        <version>2.3.7.RELEASE</version>
        <relativePath/> <!-- lookup parent from repository -->
    </parent>

    <groupId>com.weiz.bookmanager</groupId>
    <artifactId>weiz-cloud-book-manager</artifactId>
    <version>1.0-SNAPSHOT</version>
    <packaging>pom</packaging>

    <properties>
        <java.version>1.8</java.version>
        <spring.cloud-version>Hoxton.SR5</spring.cloud-version>
    </properties>

    <modules>
        <module>weiz-cloud-eureka-server</module>
        <module>weiz-cloud-book-service</module>
        <module>weiz-cloud-borrow-service</module>
        <module>weiz-cloud-gateway-server</module>
        <module>weiz-cloud-config-server</module>
        <module>weiz-cloud-hystrix-dashboard</module>
        <module>weiz-cloud-common</module>
        <module>weiz-cloud-system-service</module>
        <module>weiz-cloud-auth-service</module>
    </modules>

    <dependencyManagement>
        <dependencies>
            <dependency>
                <groupId>org.springframework.cloud</groupId>
                <artifactId>spring-cloud-dependencies</artifactId>
                <version>${spring.cloud-version}</version>
                <type>pom</type>
                <scope>import</scope>
            </dependency>
```

```
        </dependencies>
    </dependencyManagement>

    <build>
        <plugins>
            <plugin>
                <groupId>org.springframework.boot</groupId>
                <artifactId>spring-boot-maven-plugin</artifactId>
            </plugin>
        </plugins>
    </build>

</project>
```

在上面的示例中，在父工程中除引入 Spring Cloud 基础的 Starter 外，还有很多其他的依赖组件。这些都是后续子模块中会用到的框架组件，在父工程中引入后，子工程就不需要再引入了。

14.3.3 创建注册中心

在父项目上右击，在弹出的快捷菜单中依次单击 New→Module 命令添加模块。在上面创建的父工程中创建 Eureka Server 服务端模块：weiz-cloud-eureka-server 作为 Eureka Server 服务注册中心。

步骤 01 添加依赖。

修改项目中的 pom.xml 文件，添加 spring-cloud-starter-netflix-eureka-server 等依赖，示例代码如下：

```
<dependencies>
        <dependency>
            <groupId>org.springframework.boot</groupId>
            <artifactId>spring-boot-starter-web</artifactId>
        </dependency>
        <dependency>
            <groupId>org.springframework.cloud</groupId>

<artifactId>spring-cloud-starter-netflix-eureka-server</artifactId>
        </dependency>
</dependencies>
```

步骤 02 修改启动类。

修改 EurekaServerApplication.java 启动类，使用@EnableEurekaServer 注解创建 Eureka 服务注册中心。示例代码如下：

```
@SpringBootApplication
@EnableEurekaServer
public class EurekaServerApplication {
    public static void main(String[] args) {
            SpringApplication.run(EurekaServerApplication.class, args
        );
    }
}
```

步骤 03 修改系统配置。

修改 application.properties 配置文件，增加 Eureka 相关配置，主要进行 Eureka 的服务端口、服务名等配置。示例代码如下：

```
spring.application.name=eureka-server
server.port=8761
```

14.3.4　创建微服务网关

开始之前，创建一个 gateway 模块：weiz-cloud-gateway-server。其他注册中心等微服务的创建这里就不再重复介绍，可以从原有的项目中复制过来。

步骤 01 在新创建的 gateway 模块 weiz-cloud-gateway-server 中修改 pom.xml 文件，添加 springcloudgateway 依赖，具体如下：

```
<!--gateway-->
<dependency>
    <groupId>org.springframework.cloud</groupId>
    <artifactId>spring-cloud-starter-gateway</artifactId>
</dependency>
```

步骤 02 修改启动类。

修改 springcloud-gateway-server 模块中的 GatewayServerApplication.java 启动类，示例代码如下：

```
@SpringBootApplication
@EnableEurekaClient
public class GatewayServerApplication {
    public static void main(String[] args) {
            SpringApplication.run(GatewayServerApplication.class, args
        );
    }
}
```

步骤 03 修改系统配置。

修改 application.yml 全局配置文件，增加 Gateway 的配置。示例代码如下：

```
server:
  port: 8500

spring:
  application:
    name: gateway-server

  cloud:
    gateway:
      discovery:
        locator:
          enabled: true            #开启从注册中心动态创建路由的功能，利用微服务名进行路由
        routes:
          - id: book_route         #路由的ID，没有固定规则，但要求唯一，建议配合服务名
            uri: lb://BOOK-SERVICE #匹配后提供服务的路由地址
            predicates:
              - Path=/book/**      #断言，路径相匹配的进行路由
          - id: borrow_route       #路由的ID，没有固定规则，但要求唯一，建议配合服务名
            uri: lb://BORROW-SERVICE #匹配后提供服务的路由地址
            predicates:
              - Path=/borrow/**    #断言，路径相匹配的进行路由

          - id: system_route       #路由的ID，没有固定规则，但要求唯一，建议配合服务名
            uri: lb://SYSTEM-SERVICE #匹配后提供服务的路由地址
            predicates:
              - Path=/system/**    #断言，路径相匹配的进行路由
          - id: auth_route
            uri: lb://AUTH-SERVICE
            predicates:
              - Path=/auth/**
eureka:
  client:
    #表示是否将自己注册到EurekaServer，默认为true
    register-with-eureka: true
    #是否从EurekaServer抓取已有的注册信息，默认为true。单节点无所谓，集群必须设置为true
才能配合Ribbon使用负载均衡
    fetchRegistry: true
    service-url:
      defaultZone: http://localhost:8761/eureka/
```

14.3.5　创建配置中心

前面介绍了 Spring Cloud Config 的架构，接下来使用 Spring Cloud Config 构建配置中心服务端。

准备工作：开始之前，创建一个简单的微服务工程，可以从原有的项目中复制过来，然后创建 Config Server 模块：weiz-cloud-config-server，作为配置中心服务端。

步骤 01 创建远程 Git 仓库。

远程配置中心需要结合 Git 使用，在 GitHub 或者 Gitee 中创建一个仓库，用于保存各种配置文件，这里使用 Gitee 作为远程仓库。创建仓库的过程不再赘述，如图 14-4 所示。

图 14-4 Gitee 远程配置仓库

步骤 02 引入相关依赖。

创建 Config Server 模块：weiz-cloud-config-server，并修改 pom.xml 文件引入相关依赖。示例代码如下：

```xml
<!--Config 服务端-->
<dependency>
    <groupId>org.springframework.cloud</groupId>
    <artifactId>spring-cloud-config-server</artifactId>
</dependency>
```

步骤 03 启用@EnableConfigServer。

修改 Config Server 模块的启动类，使用@EnableConfigServer 注解标注此服务为 Config Server 服务端。示例代码如下：

```
@SpringBootApplication
@EnableEurekaClient
@EnableConfigServer
```

```
public class ConfigServerApplication {
    public static void main(String[] args) {
            SpringApplication.run(ConfigServerApplication.class, args
        );
    }
}
```

步骤 04 配置远程仓库地址。

修改 Config Server 模块的 application.yml 全局配置文件，增加远程仓库地址等配置，示例代码如下：

```
spring:
  application:
    name: config-server
  cloud:
    config:
      server:
        git:
          uri: https://gitee.com/weizhong1988/spring-cloud-config-repo.git
server:
  port: 8060

#eureka 的访问方式，增加 Eureka 的账号与密码
eureka:
  client:
    service-url:
      defaultZone: http://localhost:8761/eureka/
```

经过上述配置，服务启动时，config-server 服务端会自动连接配置的 GitHub 或者 Gitee 仓库，获取全部的配置内容。

14.4 实现模块功能

前面搭建了整个系统的基础框架和通用功能，本节开始实现具体的学生信息管理模块前后台相关功能。

14.4.1 创建认证和授权服务

创建 weiz-cloud-auth-service 权限验证的微服务，同样可按照前面介绍的步骤创建，然后为其 pom.xml 引入依赖：

```
<?xml version="1.0" encoding="UTF-8"?>
```

```xml
<project xmlns="http://maven.apache.org/POM/4.0.0"
        xmlns:xsi="http://www.w3.org/2001/XMLSchema-instance"
        xsi:schemaLocation="http://maven.apache.org/POM/4.0.0
http://maven.apache.org/xsd/maven-4.0.0.xsd">
    <parent>
        <artifactId>weiz-cloud</artifactId>
        <groupId>com.weiz</groupId>
        <version>1.0-SNAPSHOT</version>
    </parent>
    <modelVersion>4.0.0</modelVersion>

    <artifactId>weiz-cloud-auth-service</artifactId>


    <dependencies>
        <!--配置中心客户端 -->
        <dependency>
            <groupId>org.springframework.cloud</groupId>
            <artifactId>spring-cloud-starter-config</artifactId>
        </dependency>
        <!--eureka 客户端 -->
        <dependency>
            <groupId>org.springframework.cloud</groupId>
            <artifactId>spring-cloud-netflix-eureka-client</artifactId>
        </dependency>
        <dependency>
            <groupId>org.springframework.boot</groupId>
            <artifactId>spring-boot-starter-actuator</artifactId>
        </dependency>
        <dependency>
            <groupId>org.springframework.cloud</groupId>
            <artifactId>spring-cloud-starter-netflix-hystrix</artifactId>
        </dependency>
        <dependency>
            <groupId>org.springframework.cloud</groupId>
            <artifactId>spring-cloud-starter-netflix-zuul</artifactId>
        </dependency>
        <dependency>
            <groupId>org.springframework.cloud</groupId>
            <artifactId>spring-cloud-starter-openfeign</artifactId>
        </dependency>
        <!-- Spring Boot Web 容器 -->
        <dependency>
            <groupId>org.springframework.boot</groupId>
            <artifactId>spring-boot-starter-web</artifactId>
        </dependency>
```

```xml
        <dependency>
            <groupId>org.springframework.boot</groupId>
            <artifactId>spring-boot-configuration-processor</artifactId>
            <optional>true</optional>
        </dependency>
    </dependencies>
</project>
```

然后，创建 OAuth 2.0 配置类 OAuthConfiguration。示例代码如下：

```java
@Configuration
@EnableAuthorizationServer
public class OAuthConfiguration extends AuthorizationServerConfigurerAdapter {

    @Autowired
    private AuthenticationManager auth;

    @Autowired
    private DataSource dataSource;

    private BCryptPasswordEncoder passwordEncoder = new BCryptPasswordEncoder();

    @Bean
    public JdbcTokenStore tokenStore() {
        return new JdbcTokenStore(dataSource);
    }

    @Override
    public void configure(AuthorizationServerSecurityConfigurer security)
            throws Exception {
        security.passwordEncoder(passwordEncoder);
    }

    @Override
    public void configure(AuthorizationServerEndpointsConfigurer endpoints)
            throws Exception {
        endpoints
                .authenticationManager(auth)
                .tokenStore(tokenStore())
        ;
    }

    @Override
    public void configure(ClientDetailsServiceConfigurer clients)
            throws Exception {

        clients.jdbc(dataSource)
```

```
                .passwordEncoder(passwordEncoder)
                .withClient("client")
                .secret("secret")
                .authorizedGrantTypes("password", "refresh_token")
                .scopes("read", "write")
                .accessTokenValiditySeconds(3600) // 1 hour
                .refreshTokenValiditySeconds(2592000) // 30 days
                .and()
                .withClient("svca-service")
                .secret("password")
                .authorizedGrantTypes("client_credentials", "refresh_token")
                .scopes("server")
                .and()
                .withClient("svcb-service")
                .secret("password")
                .authorizedGrantTypes("client_credentials", "refresh_token")
                .scopes("server")
            ;

    }

    @Configuration
    @Order(-20)
    protected static class AuthenticationManagerConfiguration extends
GlobalAuthenticationConfigurerAdapter {

        @Autowired
        private DataSource dataSource;

        @Override
        public void init(AuthenticationManagerBuilder auth) throws Exception {
            auth.jdbcAuthentication().dataSource(dataSource)
                .withUser("dave").password("secret").roles("USER")
                .and()
                .withUser("anil").password("password").roles("ADMIN")
            ;
        }
    }

}
```

最后，创建 ResourceServerConfiguration 配置。示例代码如下：

```
@Configuration
@EnableResourceServer
public class ResourceServerConfiguration extends ResourceServerConfigurerAdapter
{
```

```
@Override
public void configure(HttpSecurity http) throws Exception {
    http
            .requestMatchers().antMatchers("/current")
            .and()
            .authorizeRequests()
            .antMatchers("/current").access("#oauth2.hasScope('read')");
    }
}
```

在上面的示例中，在 resources\mapper 目录下创建了 StudentMapper.xml 文件并实现了 Mapper 接口对应的方法和 SQL 语句。

14.4.2　创建系统管理服务

创建 weiz-cloud-system-service 用户微服务，同样可以按照前面介绍的步骤创建，然后为其 pom.xml 引入依赖：

```
<?xml version="1.0" encoding="UTF-8"?>
<project xmlns="http://maven.apache.org/POM/4.0.0"
xmlns:xsi="http://www.w3.org/2001/XMLSchema-instance"
    xsi:schemaLocation="http://maven.apache.org/POM/4.0.0
https://maven.apache.org/xsd/maven-4.0.0.xsd">
    <modelVersion>4.0.0</modelVersion>

    <groupId>com.weiz.springcloud</groupId>
    <artifactId>weiz-cloud-user-service</artifactId>
    <version>0.0.1-SNAPSHOT</version>
    <name>weiz-cloud-user-service</name>
    <description>Demo project for Spring Boot</description>

    <parent>
        <artifactId>weiz-cloud-book-manager</artifactId>
        <groupId>com.weiz.bookmanager</groupId>
        <version>1.0-SNAPSHOT</version>
    </parent>


    <dependencies>
        <dependency>
            <groupId>org.springframework.boot</groupId>
            <artifactId>spring-boot-starter-web</artifactId>
        </dependency>

        <dependency>
```

```xml
            <groupId>org.springframework.cloud</groupId>
<artifactId>spring-cloud-starter-netflix-eureka-client</artifactId>
            <exclusions>
                <exclusion>
                    <groupId>com.fasterxml.jackson.dataformat</groupId>
                    <artifactId>jackson-dataformat-xml</artifactId>
                </exclusion>
            </exclusions>
        </dependency>
        <!--Spring Boot 整合 MyBatis 起步依赖-->
        <dependency>
            <groupId>org.mybatis.spring.boot</groupId>
            <artifactId>mybatis-spring-boot-starter</artifactId>
            <version>2.0.0</version>
        </dependency>
        <!--Spring Boot 整合 Redis 起步依赖-->
        <dependency>
            <groupId>org.springframework.boot</groupId>
            <artifactId>spring-boot-starter-data-redis</artifactId>
        </dependency>
        <!--MySQL 的驱动依赖-->
        <dependency>
            <groupId>mysql</groupId>
            <artifactId>mysql-connector-java</artifactId>
        </dependency>

        <dependency>
            <groupId>com.weiz.bookmanager</groupId>
            <artifactId>weiz-cloud-common</artifactId>
            <version>1.0-SNAPSHOT</version>
        </dependency>
    </dependencies>

</project>
```

然后，创建系统管理服务启动类 SystemServiceApplication。示例代码如下：

```java
@SpringBootApplication
@EnableEurekaClient
@MapperScan(value = "com.weiz.mapper")
public class SystemServiceApplication {
    public static void main(String[] args) {
            SpringApplication.run(SystemServiceApplication.class, args
        );
    }
}
```

最后，创建 application.yml 文件。示例代码如下：

```yaml
server:
  port: 8083

spring:
  application:
    name: system-service
  datasource:
    driver-class-name: com.mysql.cj.jdbc.Driver
    url:
jdbc:mysql://localhost:3306/book_manager?useUnicode=true&useJDBCCompliantTimezoneSh
ift=true&useLegacyDatetimeCode=false&serverTimezone=UTC
    username: root
    password: 123456
  redis:
    host: localhost
    port: 6379
    password: abc+123

mybatis:
  mapper-locations: classpath:mapper/*.xml

#eureka 的访问方式
eureka:
  client:
    service-url:
      defaultZone: http://localhost:8761/eureka/
```

14.4.3　创建图书管理服务

创建 weiz-cloud-book-service 图书管理的微服务，同样可按照前面介绍的步骤创建，然后为其 pom.xml 引入依赖：

```xml
<?xml version="1.0" encoding="UTF-8"?>
<project xmlns="http://maven.apache.org/POM/4.0.0"
xmlns:xsi="http://www.w3.org/2001/XMLSchema-instance"
    xsi:schemaLocation="http://maven.apache.org/POM/4.0.0
https://maven.apache.org/xsd/maven-4.0.0.xsd">
    <modelVersion>4.0.0</modelVersion>

    <groupId>com.weiz.springcloud</groupId>
    <artifactId>weiz-cloud-book-service</artifactId>
    <version>0.0.1-SNAPSHOT</version>
    <name>weiz-cloud-book-service</name>
    <description>Demo project for Spring Boot</description>
```

```xml
<parent>
    <artifactId>weiz-cloud-book-manager</artifactId>
    <groupId>com.weiz.bookmanager</groupId>
    <version>1.0-SNAPSHOT</version>
</parent>

<dependencies>
<dependency>
    <groupId>org.springframework.boot</groupId>
    <artifactId>spring-boot-starter-web</artifactId>
</dependency>

<dependency>
    <groupId>org.springframework.cloud</groupId>
    <artifactId>spring-cloud-starter-netflix-eureka-client</artifactId>
    <exclusions>
        <exclusion>
            <groupId>com.fasterxml.jackson.dataformat</groupId>
            <artifactId>jackson-dataformat-xml</artifactId>
        </exclusion>
    </exclusions>
</dependency>

<!--Spring Boot 整合 MyBatis 起步依赖-->
<dependency>
    <groupId>org.mybatis.spring.boot</groupId>
    <artifactId>mybatis-spring-boot-starter</artifactId>
    <version>2.0.0</version>
</dependency>
<!--Spring Boot 整合 Redis 起步依赖-->
<dependency>
    <groupId>org.springframework.boot</groupId>
    <artifactId>spring-boot-starter-data-redis</artifactId>
</dependency>
<!--MySQL 的驱动依赖-->
<dependency>
    <groupId>mysql</groupId>
    <artifactId>mysql-connector-java</artifactId>
</dependency>

<dependency>
    <groupId>com.weiz.bookmanager</groupId>
    <artifactId>weiz-cloud-common</artifactId>
    <version>1.0-SNAPSHOT</version>
</dependency>
</dependencies>
```

```
</project>
```

然后，创建图书管理服务启动类 BookServiceApplication。示例代码如下：

```java
@SpringBootApplication
@EnableEurekaClient
@MapperScan(value = "com.weiz.mapper")
public class BookServiceApplication {
    public static void main(String[] args) {
        SpringApplication.run(BookServiceApplication.class, args
    );
    }
}
```

最后，创建 application.yml 文件：

```yaml
server:
  port: 8081

spring:
  application:
    name: book-service
  datasource:
    driver-class-name: com.mysql.cj.jdbc.Driver
    url:
jdbc:mysql://localhost:3306/book_manager?useUnicode=true&useJDBCCompliantTimezoneSh
ift=true&useLegacyDatetimeCode=false&serverTimezone=UTC
    username: root
    password: 123456

mybatis:
  mapper-locations: classpath:mapper/*.xml

#eureka 的访问方式，增加 Eureka 的账号和密码
eureka:
  client:
    service-url:
      defaultZone: http://localhost:8761/eureka/
```

在上面的示例中，在 resources/mapper 目录下创建了 StudentMapper.xml 文件并实现了 Mapper 接口对应的方法和 SQL 语句。

14.4.4 创建借书管理服务

创建 weiz-cloud-borrow-service 图书借阅的微服务，同样可按照前面介绍的步骤创建，然后为其 pom.xml 引入依赖：

```xml
<?xml version="1.0" encoding="UTF-8"?>
<project xmlns="http://maven.apache.org/POM/4.0.0"
xmlns:xsi="http://www.w3.org/2001/XMLSchema-instance"
      xsi:schemaLocation="http://maven.apache.org/POM/4.0.0
https://maven.apache.org/xsd/maven-4.0.0.xsd">
      <modelVersion>4.0.0</modelVersion>

      <groupId>com.weiz.springcloud</groupId>
      <artifactId>weiz-cloud-borrow-service</artifactId>
      <version>0.0.1-SNAPSHOT</version>
      <name>weiz-cloud-borrow-service</name>
      <description>Demo project for Spring Boot</description>

      <parent>
          <artifactId>weiz-cloud-book-manager</artifactId>
          <groupId>com.weiz.bookmanager</groupId>
          <version>1.0-SNAPSHOT</version>
      </parent>

      <dependencies>
          <dependency>
              <groupId>org.springframework.boot</groupId>
              <artifactId>spring-boot-starter-web</artifactId>
          </dependency>
          <dependency>
              <groupId>org.springframework.cloud</groupId>

<artifactId>spring-cloud-starter-netflix-eureka-client</artifactId>
              <exclusions>
                  <exclusion>
                      <groupId>com.fasterxml.jackson.dataformat</groupId>
                      <artifactId>jackson-dataformat-xml</artifactId>
                  </exclusion>
              </exclusions>
          </dependency>
          <!--Spring Boot 整合 MyBatis 起步依赖-->
          <dependency>
              <groupId>org.mybatis.spring.boot</groupId>
              <artifactId>mybatis-spring-boot-starter</artifactId>
              <version>2.0.0</version>
          </dependency>
          <!--Spring Boot 整合 Redis 起步依赖-->
          <dependency>
```

```xml
            <groupId>org.springframework.boot</groupId>
            <artifactId>spring-boot-starter-data-redis</artifactId>
        </dependency>
        <!--MySQL 的驱动依赖-->
        <dependency>
            <groupId>mysql</groupId>
            <artifactId>mysql-connector-java</artifactId>
        </dependency>

        <dependency>
            <groupId>com.weiz.bookmanager</groupId>
            <artifactId>weiz-cloud-common</artifactId>
            <version>1.0-SNAPSHOT</version>
        </dependency>
    </dependencies>
</project>
```

然后，创建启动类 BorrowServiceApplication。示例代码如下：

```java
@SpringBootApplication
@EnableEurekaClient
@MapperScan(value = "com.weiz.mapper")
public class BorrowServiceApplication {
    public static void main(String[] args) {
            SpringApplication.run(BorrowServiceApplication.class, args
        );
    }
}
```

最后，创建 application.yml 文件，示例代码如下：

```yaml
server:
  port: 8082

spring:
  application:
    name: borrow-service
  datasource:
    driver-class-name: com.mysql.cj.jdbc.Driver
    url:
jdbc:mysql://localhost:3306/book_manager?useUnicode=true&useJDBCCompliantTimezoneSh
ift=true&useLegacyDatetimeCode=false&serverTimezone=UTC
    username: root
```

```
        password: 123456
mybatis:
  mapper-locations: classpath:mapper/*.xml
#eureka 的访问方式
eureka:
  client:
    service-url:
      defaultZone: http://localhost:8761/eureka/
```

14.5　系统演示

在实现前后台功能模块后，接下来运行项目，验证系统运行的效果。在浏览器中输入 http://localhost:8761/，进入 Eureka 后台界面，验证注册中心是否正常，如图 14-5 所示。

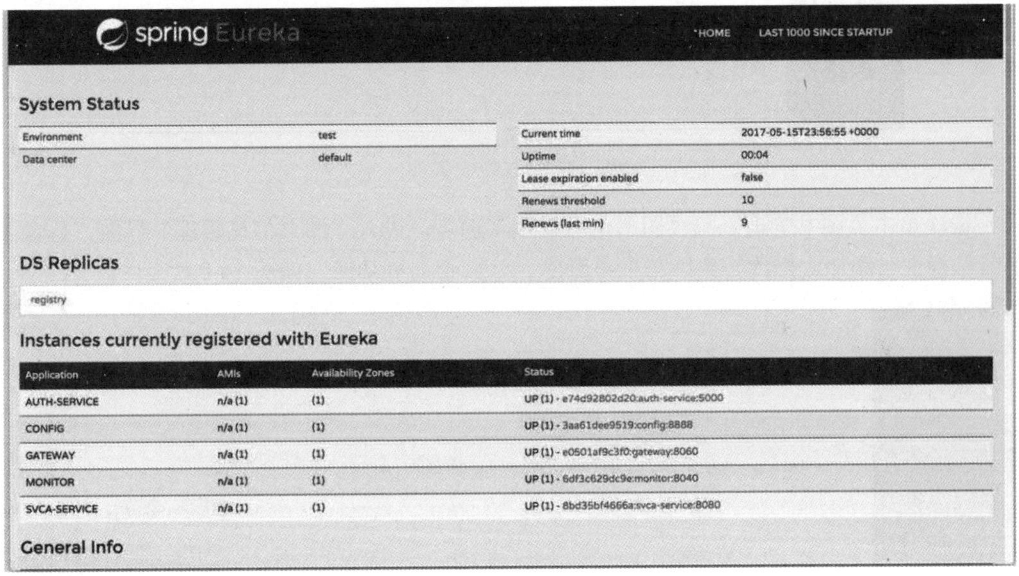

图 14-5　平台注册中心

验证注册中心正常之后，进入主系统，在浏览器中输入 http://localhost:9112/，系统登录账号的用户名和密码都是 admin，如图 14-6 所示。账号和密码验证成功后，进入图书管理系统后台主界面，效果如图 14-7 所示。

图 14-6 系统登录界面

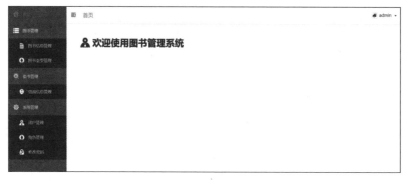

图 14-7 系统主界面

依次单击"图书管理"→"图书信息管理"选项，进入"图书信息管理"界面，包含图书信息查询、添加、修改、删除与批量删除、分页查询等功能，如图 14-8 所示。

图 14-8 "图书信息管理"界面

依次单击"借书管理"→"借阅信息管理"选项，进入"借阅信息管理"界面，包含图书借阅信息查询、添加、修改、删除与批量删除以及图书归还等功能，如图 14-9 所示。

图 14-9　"借阅信息管理"界面

依次单击"系统设置"→"用户管理"，进入"用户管理"界面，效果如图 14-10 所示，包含人员信息查询、添加、修改、删除与批量删除等功能。

图 14-10　"用户管理"界面

上述内容描述了图书管理系统的业务功能。

整个系统的运维监控模块采用 Hystrix 和 SkyWalking。为了验证 Hystrix 调用功能是否正常，可以在浏览器中输入 http://localhost:8070/hystrix，进入 Hystrix 后台界面，检查系统功能是否正常工作，如图 14-11 所示。

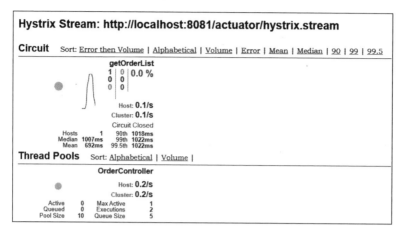

图 14-11　Hystrix 后台界面

同时，在浏览器中访问 http://192.168.78.100:8080/，进入 SkyWalkingWeb 界面，查看调用链路的情况，如图 14-12 所示。

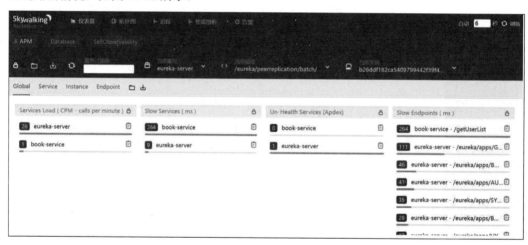

图 14-12　SkyWalking 的 UI 页面

14.6　本章小结

本章重点介绍了如何利用 Spring Cloud 及其核心框架组件实现一个完整的图书管理系统，内容涵盖从系统的功能设计和技术选型，到技术框架的构建，再到具体业务功能的实现。以项目实践为出发点，本章逐步引导读者构建一个功能完备的项目系统，并基本覆盖了 Spring

Cloud 开发过程中常用的技术和解决方案。

通过本章的学习，读者应能够理解如何使用 Spring Cloud 构建一个支持高并发访问的微服务架构，并了解在实际开发和维护过程中可能遇到的挑战及其解决方案。成功实施微服务架构不仅需要团队成员的紧密合作，还需要对新技术的持续学习和适应。